新型农民现代农业技术与技能培训丛书

猕猴桃园艺工培训教材

编著者

韩礼星　李　明　齐秀娟　黄贞光

李　深　陈金永　赵长竹　张金勇

周增强　何青松　严　潇　张　鑫

陈美艳　高晓宁　郑荣彪

金盾出版社

内 容 提 要

本书是“新型农民现代农业技术与技能培训丛书”的一个分册，由中国农业科学院郑州果树研究所专家编著。内容包括：猕猴桃园艺工岗位职责和素质要求及须具备的基础知识，猕猴桃苗木繁育技术、建园技术、土肥水管理技术、整形修剪技术、花果管理技术、病虫害防治和自然灾害的防御，果实采收、处理及贮藏，猕猴桃园艺工的劳动定额及考核指标等10章。本书内容全面具体，科学性、先进性、可操作性强，语言简练，通俗易懂，可作为我国县(市)乡(镇)举办猕猴桃园艺工培训的教材，亦可作为广大农民提高猕猴桃栽培管理技术的自学读物。

图书在版编目(CIP)数据

猕猴桃园艺工培训教材/韩礼星等编著．—北京：金盾出版社，2008.6
(新型农民现代农业技术与技能培训丛书)
ISBN 978-7-5082-5117-2

Ⅰ．猕…　Ⅱ．韩…　Ⅲ．猕猴桃-果树园艺-技术培训-教材
Ⅳ．S663.4

中国版本图书馆 CIP 数据核字(2008)第 070793 号

金盾出版社出版、总发行
北京太平路 5 号(地铁万寿路站往南)
邮政编码：100036　电话：68214039　83219215
传真：68276683　网址：www.jdcbs.cn
封面印刷：北京 2207 工厂
正文印刷：北京华正印刷有限公司
装订：北京华正印刷有限公司
各地新华书店经销
开本：850×1168 1/32　印张：5.25　字数：127 千字
2008 年 6 月第 1 版第 1 次印刷
印数：1—10000 册　定价：9.00 元

序　言

中共中央、国务院[2007] 1 号文件明确指出，加强“三农”工作，积极发展现代农业，扎实推进社会主义新农村建设，是全面落实科学发展观、构建社会主义和谐社会的必然要求，是加快社会主义现代化建设的重大任务。

我国农业人口众多，发展现代农业、建设社会主义新农村，是一项伟大而艰巨的综合工程，不仅需要深化农村综合改革、加快建立投入保障机制、加强农业基础建设、加大科技支撑力度、健全现代农业产业体系和农村市场体系，而且必须注重培养新型农民，造就建设现代农业的人才队伍。

胡锦涛总书记在党的十七大报告中进一步指出，要培育有文化、懂技术、会经营的新型农民，发挥亿万农民建设新农村的主体作用。

新型农民是一支数以亿计的现代农业劳动大军，这支队伍的建立和壮大，只靠学校培养是远远不够的，主要应通过对广大青壮年农民进行现代农业技术与技能的培训来实现。金盾出版社在对农业岗位培训进行广泛调研的基础上，与中国农业大学老科技工作者协会、华中农业大学老教授协会等单位共同策划，约请数百名农业专家、学者参加，组织编写了“新型农民现代农业技术与技能培训丛书”(以下简称“丛书”)。“丛书”坚持从现阶段我国青壮年农民的文化技术水平出发，突出现代农业技术与技能的传授，注重其先进性和实用性；“丛书”以教材形式编写，共有 88 个分册，涉及 81 个农业岗位，除水稻农艺工、蔬菜园艺工、蔬菜植保员、果树植保员分南方本和北方本外，其他均为一个岗位一本培训教材，以方便县(市)、乡(镇)、村组织新型农民培训和农业企业进行岗位培训时选用。“丛书”的组编和出版，还得到了河北农业大学、沈阳农业大学、西北农林科技大学、甘肃农业大学、北京农学院、山东畜牧兽医职业技术学院、大连民族学院、中国农业科学院茶叶研究所、中国农业科学院油料研究所、中国农业科学院郑州果树研究所、中国农业科学院特产研究所、中国农业科学院桑蚕研究所、中国养蜂学会、内蒙古自治区农牧科学院、甘肃省蔬菜研究所、山东省果树研究所、广西壮族自治区柑桔研究所、山西省畜牧兽医研究所等单位部分专家、教授的支持和参与，并列入劳动和社会保障部《全国职业培训与技能鉴定用书目录》，进行推荐，使我们深感欣慰，在此表示衷心感谢。我们希望和相信，通过“丛书”的出版发行，能为新型农民队伍的发展壮大贡献一份力量，也能为现代农业技术与技能培训积累一些可供借鉴的经验。

“丛书”编写时间有限，各分册存在不足或错漏在所难免，恳请同仁和各使用单位批评指正。

编 委 会

2008 年 1 月

目　录

第一章　猕猴桃园艺工的岗位职责和素质要求

一、猕猴桃园艺工的岗位职责

（一）猕猴桃苗木繁育岗位职责

1. 猕猴桃苗木繁育田间管理岗位职责　大田猕猴桃苗木繁育的主要任务是苗木出圃等工作。其工作内容大致有苗圃地平整、土壤消毒、育苗地规划及整理、种子沙藏、种子催芽、种子播种（或砧木栽植）、地膜覆盖、遮荫、小苗移栽、嫁接（芽接、劈接、皮下插接等）、苗圃施肥、灌水、病虫害防治、苗木出圃、苗木分级标记、苗木假植或贮运等。

2. 猕猴桃组培室或温室工厂化育苗技术岗位职责　组培室管理的主要任务是大量扩繁健壮的试管苗。主要工作内容是培养基配制、装瓶、消毒，外植体接种、组培苗扩繁、生根、炼苗及移栽，组培室和温室消毒、温湿度控制、光照控制（遮荫等）、灌水、施肥、病虫害防治、感染病毒苗的脱病毒处理技术等。

3. 猕猴桃温室管理岗位职责　温室管理除了上述职责外，还应及时做好温室覆膜、温度和湿度控制、通风和有害气体排放、揭和盖保温草帘、棚面除雪除尘、温室撤膜、温室维护等技术工作。

（二）猕猴桃园管理岗位职责

1. 幼龄猕猴桃园管理岗位职责　幼龄猕猴桃园管理的主要任务是提高定植成活率，使树体生长健壮，使树体迅速生长，尽快成型。主要工作内容是猕猴桃苗定植后遮荫、灌排水、施肥、松土保墒,间作、种植绿肥、铲除杂草、地膜覆盖和去除,夏季修剪、冬季修剪、树体生长观察记录,病虫害预测预防、喷洒农药、叶面施肥,冬季树体涂白、绑膜,封土、扩穴、猕猴桃园艺工具的养护、园内设施维护等。

2. 初果期猕猴桃园管理岗位职责 初果期猕猴桃园管理的主要职责是使树体生长中庸健壮,抑制旺长,促进树体尽快成花结果。主要工作内容是遮荫、夏季修剪、冬季修剪,树体生长观察,病虫害预测预防、喷洒农药、叶面施肥,初冬和萌芽期低温预防、授粉、放蜂、灌排水、施肥、松土保墒、间作、种植绿肥、除杂草,果实采收、包装、贮运,冬季树体涂白、封土、扩穴、猕猴桃园艺工具的养护、园内设施维护等。

3. 盛果期猕猴桃园管理岗位职责 盛果期猕猴桃园管理的主要任务是控制树体生长健壮,高产稳产,优质生产,延长猕猴桃树盛果期寿命。主要工作内容是及时灌排水,合理、足量施肥,冬季修剪,树体生长观察,病虫害预测预防、喷洒农药、叶面施肥,萌芽期低温预防,疏花疏果,果实套袋摘袋、采收、分级、包装、贮运、销售,冬季树干涂白、猕猴桃园艺工具的养护、园内设施维护等。

4. 衰老期猕猴桃园管理岗位职责 衰老期猕猴桃园管理的主要任务是保证树体更新复壮,促进树体健壮生长,控制产量,延长树体经济寿命。主要工作内容是及时施肥、灌排水,冬季修剪,树体生长观察,病虫害预测预防、喷洒农药、叶面施肥,萌芽期低温预防,疏花疏果,果实套袋摘袋、采收、分级、包装、贮运、销售,冬季树干涂白、猕猴桃园艺工具的养护、园内设施维护等。

二、猕猴桃园艺工素质要求

(一)思想素质

思想素质的内涵是以生产健康果品为己任,对工作和产品的质量高度负责。时刻要以带领农业工人和农民,较好地完成果品生产初级阶段的作业(即果园生产)为己任。在此目的的指引下,要善于团结周围的工作人员,尊敬师长,虚心学习,勤奋上进,严于律己,勇于带头,公正无私,认真负责。

(二)业务素质

业务素质的内涵是以生产健康果品为己任,精通业务,深谙技能,灵活运用,并将所掌握的各种生产技能融会贯通,广泛传授,认真监督落实,以履行对果品质量的负责和保证。

思 考 题

1. 园艺工的思想素质要求是什么?
2. 园艺工的业务素质要求包括哪些方面?

第二章　猕猴桃园艺工须具备的基础知识

一、猕猴桃的种类、优良品种与砧木

(一)猕猴桃的栽培种类

全世界猕猴桃有67个种,新近武汉植物园的李建强先生将其重新分类为46个种,其全部分布于我国除西北干旱地区之外的绝大部分省、自治区、直辖市。其中有维生素C含量高达1 137～2 140毫克/100克鲜果的阔叶猕猴桃、河口猕猴桃和毛花猕猴桃;有果肉红色的红肉猕猴桃、河南猕猴桃、紫果猕猴桃和彩色猕猴桃;有抗寒性极强的葛枣猕猴桃和狗枣猕猴桃。栽培品种主要是美味猕猴桃和中华猕猴桃,其次为软枣猕猴桃和毛花猕猴桃。作为砧木利用的有毛花猕猴桃、中越猕猴桃、软枣猕猴桃、狗枣猕猴桃、葛枣猕猴桃、中华猕猴桃和美味猕猴桃,其中毛花猕猴桃和中越猕猴桃作为耐湿和耐高温砧木,而软枣猕猴桃、狗枣猕猴桃和葛枣猕猴桃作为抗寒砧木,但是中华猕猴桃和美味猕猴桃则被广泛利用。作野生果品加工之用的有软枣猕猴桃、毛花猕猴桃、大花猕猴桃、金花猕猴桃、浙江猕猴桃、河南猕猴桃和陕西猕猴桃等。作为猕猴桃园艺工,应该至少熟悉以下常用的4个种类。

1. 美味猕猴桃　常说的硬毛猕猴桃就是这个种。主要分布在从云贵高原到黄山为斜线的横断山脉以东和秦岭山脉以南的三角区内。包括安徽、河南、陕西、甘肃、四川、湖北、云南和贵州海拔1 300～2 100米的山区。从本种选出的品种多具有果肉翠绿、风味好、果实耐贮藏、树体抗性强等优点,秦美、海沃德、金魁、米良一号等都属于这个种。

2. 中华猕猴桃　常说的软毛猕猴桃就是这个种。主要分布在横断山脉以东和秦岭淮河连线以南的我国东南部地区，包括福建、浙江、江西、广东、广西、云南、贵州、湖南、湖北、陕西、河南、江苏和安徽的南部。其中选出的品种多具有果肉细、多汁、色淡，适于加工制汁、风味好，结果早、丰产性好等优点，但果实多不耐贮藏，树体的抗性不及美味种，早鲜、魁蜜、庐山香等都属于这个种。

3. 软枣猕猴桃　主要分布在辽宁、吉林、黑龙江、河南 、河北、山东、北京、天津、山西、陕西、四川、贵州和云南等省、直辖市。本种选出的品种多为加工品种，风味好、维生素 C 含量高，但果实不耐贮藏。本种树体抗寒性强，可耐－39℃的低温，其中选出的品种有魁绿等。

4. 毛花猕猴桃　主要分布于我国南方广西、江西、福建、浙江海拔 250～1 100 米，贵州 500～1 300 米山区及云南等地。本种的特点是果实维生素 C 含量极高，适于加工，其中选出的品种有华特等。

(二)猕猴桃的优良品种

目前问世的猕猴桃的优良品种有 40 余个，但是在生产和经营流通方面相对集中在 10 余个综合性状优良的品种。建园时选择品种的原则首先是果品品质好，外观好，适应市场需要，如亚洲消费群体对猕猴桃果品的要求偏甜，欧、美洲偏酸；果实外观周正，柱形、椭圆形或近椭圆形，果形整齐，大小一致，商品规格符合度高；果皮较厚耐贮运，不易碰撞擦伤；可溶性固形物含量在 14％以上，鲜食果品酸度在欧洲、美洲为 1％～1.6％，亚洲为≤1.2％；维生素 C 含量≥50 毫克/100 克鲜果肉，越高越好；果肉质地均匀、细密能切片；果肉颜色绿色、黄色、红色、金黄色；果品后熟缓慢，耐贮存，货架期长，可食用期长。其次是树体生长健壮，抗逆性强，结果性状好，早结果，丰产、稳产，大小年不明显。这样可以减少树体对化肥、农药、除草剂和生长调节剂的依赖，容易达到安全生产的基础标准。

1. 美味猕猴桃雌性优良品种

（1）海沃德　新西兰品种，为国际上各个猕猴桃种植国家的主栽品种。果实成熟期为 11 月中下旬。果实长椭圆形，果形端正美观，平均单果重 80 克；果肉翠绿色，致密均匀，果心小，每 100 克鲜果肉含维生素 C 50～76 毫克，可溶性固形物含量 14%～17%，酸甜适度，有香气，果品货架期、贮藏性名列所有品种之首。

该品种以长果枝蔓结果为主，结果枝蔓多着生在结果母枝蔓的 5～14 节，大多在 7～9 节。幼树期除了要加强肥水管理，促进树体生长以外，还需要采用环剥等促花促果措施，促其早结果。树势偏弱，需要多施肥，增强树势。

（2）金魁　湖北省果茶蚕桑研究所选育的品种，是目前我国选育的最耐贮藏的猕猴桃品种，其耐贮性可与海沃德媲美。特点是果面有棱。有报道用兴山-10 号授粉充分时，畸形果率很低。如在宣恩 78-5 或兴山-16 的授粉下，不仅果形较好，且耐贮藏，一般常温下可贮放 20 天至 1 个月。该品种在长江流域栽培表现较好，干旱半干旱地区缺水情况下树势较弱，其早果性和丰产性优于海沃德，但不及秦美和米良一号。进入盛果期以后，产量较好，但是如果不疏果，容易产生小果和畸形果。果实在 10 月下旬至 11 月上旬成熟，果实柱形，平均单果重 87 克，果肉翠绿色，酸甜适口，有香味，完全成熟时可溶性固形物含量可达 24.5%，平均为 17%，维生素 C 含量 156～242.18 毫克/100 克鲜果肉。

该品种以长果枝蔓结果为主，结果枝蔓多着生在结果母枝蔓的 5～14 节，以 7～9 节多见，早期修剪宜轻剪长放或采用促花促果措施，促进早结果。修剪长度在 0.75 米以下的枝蔓剪留 9～10 个节位，0.75～1 米的枝蔓留 10～12 节，1 米以上的留 12～14 节。在 4 米×3 米的密度下，成龄树留 40 个左右的结果母枝蔓为宜。

(3) 秦美　陕西省果树研究所选出的品种，是晚熟较耐贮藏的鲜食品种。在我国推广栽培面积最大，达 1 万公顷，但是目前正在大量进行高接改换海沃德和哑特等其他品种。其早结果性、丰产性、树势强健性、耐旱性、耐寒性、耐土壤高 pH 值等综合性状评定为最优良品种，近两年其大量成功种植加上销售环节的衔接，已改变了原来地摊贱卖的局面。其和哑特一起，为当前我国北方半干旱栽培区最受欢迎的 2 个品种。南方许多省(市)引种试栽也很成功。该品种平均 667 平方米(1 亩)产 1 500～2 000 千克，最高 3 900 千克，果实近椭圆形，果肉绿色，多汁，酸甜可口，有香味，平均单果重 102.5 克，维生素 C 含量 190～355 毫克/100 克鲜果肉，可溶性固形物含量 14%～16%，在陕西省果实 10 月下旬至 11 月上旬成熟，在简易气调贮藏条件下，可存放 3～4 个月，低温低乙烯气调库中可存放 6～7 个月。其缺点是果形不如海沃德，长轴较短，果肩较平，货架期稍短为 7～15 天。

该品种以中长果枝蔓结果为主，结果枝蔓着生在结果母枝蔓的 5～12 节位，栽培上应注意早期轻剪长放，促进树体早成形，早结果，提高早期产量；中期中庸修剪；后期适当重剪，培养更新枝蔓。

(4) 米良一号　湖南吉首大学生物系选出的品种，为晚熟较耐贮藏的鲜食品种。早果性好，栽后第二年每 667 平方米产量可达 150～250 千克，盛果期高达 10 倍以上。丰产，稳产，抗逆性、抗病性均强，不仅适合于我国南方湿润气候栽培，而且在北方 pH 值较高的土壤上生长也良好。在南方果实于 9 月下旬至 10 月上旬成熟，采后常温下可存放 10～15 天。果实近长柱形，顶端直径略大于蒂端，略扁，柱头基部残迹(俗称“喙”)宽而明显，平均单果重 95 克，果实大小一致性好，很少有小果，果肉黄绿色，汁多，酸甜可口，有芳香，维生素 C 含量平均 217 毫克/100 克鲜果肉，可溶性固形物含量 13%～16.5%。因为容易结果，常常过量负载，本身具有果个大而均匀的特性，因而可溶性固形物含量较低，补救措施是增施有机肥，提高树体糖分的积累量，提高果实品质，另外需注意防止该品种的采前落果。

该品种果枝蔓多着生在结果母枝蔓的5～7节，早期修剪宜轻剪长放。

(5) 哑特　陕西省周至县猕猴桃试验站选出的晚熟鲜食品种。其植株生长健壮，抗逆性强，耐旱、耐高温、耐瘠薄、耐北方干燥气候。果实短圆柱形，11月上旬至11月中旬成熟，平均单果重87克，最大果重127克；果个较匀，一致性好，少有小果，果皮褐色，密被棕褐色糙毛，果肉翠绿，果心小，后熟以后黄色，软化性好，食用时和果肉感官一致，没有硬心感觉，可溶性固形物含量15%～18%，维生素C含量150～290毫克/100克鲜果肉，风味好，汁液多，很受消费者的欢迎。果实较耐贮藏，由于采果较晚，常温下可放置1～2个月，土法贮存3～4个月，气调库贮存6个月以上，货架期20天左右。缺点是果形短柱形，早果性不及秦美和米良一号，后者可以通过促花促果措施来予以解决，但是其短柱形果形要得到消费者的认可，还需要更多的宣传和耐心，相信凡是吃过一次哑特的人一定会再次购买该品种的果品。

该品种以中、长果枝蔓结果为主，结果枝蔓多着生在结果母枝蔓的5～11节。虽然早果性较差，但进入结果期后很丰产，没有明显的大小年，嫁接苗栽后第五年平均株产22千克。在北方半干旱地区推广很有前途。其早果性差的缺点可用环剥、环割、倒贴皮、水平绑蔓、打顶等促果措施克服。

(6) 徐香　江苏省徐州市果园选出的品种。果实短柱形，单果重75～110克，最大果重137克，果肉绿色，浓香多汁，酸甜适口，维生素C含量99.4～123毫克/100克鲜果肉，可溶性固形物13.3%～19.8%。早果性、丰产性好，贮藏性和货架期较短，但是徐香有一个特性可以部分地弥补货架寿命和贮藏性弱的缺点，即成熟采收期长，从9月底至10月中旬均可采收，挂在架面上随卖随采，无采前落果。

该品种早期以中、长果枝蔓结果为主，盛果期以后以短果枝和短缩果枝蔓（丛状结果枝蔓）结果为主。早期修剪时注意轻剪长放，中、后期重剪促旺。其抗性不很强，但由于风味好，在江苏、山东一带推广受欢迎。

2. 中华猕猴桃雌性和雄性优良品种

(1)雌性优良品种

①红阳：四川省资源研究所和苍溪县联合选出的品种，为红心猕猴桃新品种。该品种早果性、丰产性好，果实卵形，萼端深陷，果个较小，在不使用果实膨大剂情况下，单果重 70 克以下，大小果现象严重，果皮绿色，光滑，果肉呈红色和黄绿色相间，髓心红色，肉质细，多汁，有香气，比较偏甜，适合亚洲人口味，在日本销售很好，其可溶性固形物含量 14.1%～19.6%，总糖 13.45%，总酸 0.49%，维生素 C 含量平均 135.77 毫克/100 克鲜果肉。是一个较好的特色鲜食品种。但是果实不耐贮存，贮藏期容易发生果皮变色褐化，常温下货架期 5～7 天，适宜在我国四川盆地至湘西地区发展。

红阳的树势较弱，要求光照充足，土壤肥沃，排水良好的土地，萌芽率 80%以上，幼树的成枝率在 30%以下，结果树更低。短果枝蔓较多，枝蔓节间短，平均 5 厘米以下，树体紧凑，由于果品近年来比较走俏价位高，几乎所有果园都存在过量负载问题，早春叶片生长多不正常，叶面不平，呈现泡泡叶状，花期在 4 月下旬，花量大，坐果容易，成熟期在 9 月末至 10 月初。该品种在我国已经完成了新品种保护性登记。

②庐山香：江西省庐山植物园选出的晚熟鲜食和加工两用品种。成熟期在 10 月中旬。果实近圆柱形，整齐美观，果个较大，平均单果重 87.5 克，最大果重 140 克，果肉黄色，质细多汁，口味酸甜，香味浓郁，口感极佳，维生素 C 含量 159～170 毫克/100 克鲜

果肉，但果实不耐贮存，货架期只有3～5天，适宜于加工果汁。树势中等，结果早，丰产，品质优良。栽后第二年始果，最高株产6.2千克，第三年7.7千克，第五年13千克。

③新园16A（Hort-16A）：商品名Zespri Gold，由新西兰园艺及食品研究所培育成的品种，被新西兰认为是果实品质最佳的品种。果实圆顶倒锥形或倒梯柱形，使用果实膨大剂后单果重80～105克，不用膨大剂则果个重70克左右，果皮褐色，果肉金黄色，质细汁多，味香甜，维生素C含量120～150毫克/100克鲜果肉，是一个较好的鲜食和加工两用品种。新西兰专家预测其将占领本世纪国际猕猴桃果品市场，但是，意大利和智利专家认为中国的金桃等黄肉型品种要超过新园16A。该品种正在我国登记授权性栽培应用。

④早鲜：江西省农业科学院园艺研究所选出的品种，是早熟鲜食和加工两用品种，是目前我国早熟品种中栽培面积最大的一个品种。果实8月下旬至9月上旬成熟，果实柱形，整齐美观，单果重80克左右，最大果重132克，果肉绿黄色，酸甜多汁，味浓，有清香，维生素C含量74～98毫克/100克鲜果肉，果实较不耐贮存，常温下10～12天，冷藏条件下可放3个月，货架期10天左右。本品种生长势较强，早期以轻剪长放为主，抗风、抗旱、抗涝性较差，宜以调节市场和占领早期市场为目的，选择邻近城市的郊区，小面积栽培，就近供应市场消费。

⑤金丰：江西省农业科学院园艺研究所选出的一个中熟鲜食和加工两用品种，是一个集早果、丰产、稳产、大果、优质于一体的好品种。在我国中南部猕猴桃栽培区推广。果实椭圆形，整齐均匀，单果重82～107克，最大果重124克，果皮黄褐色，果肉黄色，质细均匀，多汁，出汁率70%，味酸甜，有香气，平均维生素C含量103.4毫克/100克鲜果肉，果实8月底至9月初成熟，在中华猕猴桃品种中属于较耐贮存品种，货架期10～15天。可作为鲜食和加工两用品种基地的主栽品种在我国中南部地区发展。

该品种生长势强，以中、长果枝蔓结果为主，果枝蔓连续结果能力强，无生理落果和采前落果。抗风，耐高温干旱，适宜于山地棕壤和丘陵红壤栽培。

⑥金阳：湖北省果树茶叶研究所选出的品种。该品种早果性、丰产性和稳产性均好，但抗逆性、耐瘠薄能力较弱。生长势中等，适宜于土壤疏松、土层肥厚的高海拔地区栽培。果实9月中旬成熟，果实柱形，果个中等，平均单果重79克，最大果重113克，果皮褐色，果肉黄色，酸甜适口，香味浓郁，可溶性固形物含量15.5%，维生素C含量平均93毫克/100克鲜果肉。是一个较好的鲜食、加工两用品种。

该品种以中、短果枝蔓结果为主，果枝蔓连续结果能力较强，干旱时偶尔有生理落果和采前落果的现象。适宜于华中地区栽培。

⑦武植-5：中国科学院武汉植物研究所选出的品种，是一个早果、丰产、稳产、大果、优质、适应性强、耐旱性较强的晚熟鲜食和加工两用品种。果实椭圆形，单果重80～90克，最大果重150克，果肉浅绿色，质细多汁，酸甜适口，有浓香，维生素C含量155～230毫克/100克鲜果肉。该品种萌芽率较高，为58%，结果枝率高达69%～95%，坐果率95%以上。

芽苗定植后第二年结果，第三年株产12.6千克，第五年每公顷产7 500千克。果枝蔓连续结果性能强。在郑州该品种2月下旬进入伤流期，4月下旬开花，10月下旬至11月上旬果实成熟，12月上旬落叶。抗旱性较强，耐渍性弱，可以在中部浅山区推广，平原地区栽培应注意排水。北部猕猴桃栽培区试栽时易产生缺素症。

⑧素香：江西省农业科学院园艺研究所选出的品种。是一个早果、丰产、稳产、优质、抗逆性较强、较耐贮藏的中熟鲜食加工两用品种。果实于9月上中旬成熟，长椭圆形，果个大，商品果率高，整齐美观，平均单果重98.2克，最大果重180克，果肉深绿黄色，可溶性固形物含量14%～17%，维生素C含量198.4～206.5毫

克/100 克鲜果肉，含有 18 种游离氨基酸，味酸甜可口，风味浓，具香气，果实较耐贮存，正常采收后室温可存放 20 天。

该品种以中、短果枝蔓结果为主，果实多着生在结果枝蔓的1～5 节上，结果多，树势易衰弱，盛果期后应注意加强肥水的管理。定植后第二年结果，第三年每 667 平方米产 350 千克，第五年667 平方米产 1 500～1 800 千克。

⑨华光 2 号：河南省西峡猕猴桃研究所选出的品种，是一个早果、丰产、稳产、抗逆性较强的品种。果实圆柱形，单果重 80～105 克，果皮浅褐色，果肉淡黄色，汁多，味酸甜，微香，维生素 C 含量 41～78 毫克/100 克鲜果肉，可溶性固形物含量 10%～14%，鲜食风味偏淡，加工果汁较为理想，果汁褐变现象较轻。该品种在我国已进行了新品种保护登记。

(2)雄性优良品种

①磨山 4 号：每花序常有 5 朵花，最多达 8 朵，以短花枝蔓为主。5 年生树每株约 5 000 朵花，花粉量大，每朵花约有 300 万粒花粉，花期 20 天左右。作为武植-3 的授粉树有较强的花粉直感效应，可增大果个，提高果实维生素 C 含量，使果色美观，种子数减少而千粒重增加。该品系花期长，可作为早中期，乃至晚期中华猕猴桃和美味猕猴桃的授粉品系。目前认为是国内选出的最好的雄性品系之一。已进行了新品种保护性登记。

②郑雄 1 号：每花序多为 3 朵花，最多达 6 朵，以中长花枝蔓为主。花粉量大，花期 10～14 天，在郑州为 4 月下旬至 5 月上旬开花。树势较强，耐高 pH 值土壤，可作为早中期开花的中华猕猴桃雌性品种的授粉树。

③岳-3：植株生长势中庸，萌芽率 44%～67%，花枝蔓率 90.7%～100%，每母枝蔓着花枝蔓数 6.8～9 个，每花枝蔓 17～22 朵花，花粉量大，每朵花约有 170 万粒花粉。在岳阳，花期为 4 月下旬至 5 月上旬。可作为庐山香等中晚期成熟的中华猕猴桃和

美味猕猴桃的授粉品系。

④厦亚 18 号:该品种花粉量大,花期在厦门为 3 月中旬至 4 月上旬,约 20 天,花量大。可作为早中晚期中华猕猴桃和美味猕猴桃的授粉品种。

3. 软枣、毛花猕猴桃品种

(1) 魁绿　中国农业科学院特产研究所选出的品种,是软枣猕猴桃品种。果实卵圆形,平均单果重 18.1 克,最大果重 32 克,果皮绿色,光滑无毛,果肉绿色,质细汁多,味酸甜,可溶性固形物含量 15%,维生素 C 含量 430 毫克/100 克鲜果肉,总氨基酸含量 933.8 毫克/100 克鲜果肉,可加工果酱,果酱的维生素 C 含量还高达 192.3 毫克/100 克果酱,总氨基酸含量 209.4 毫克/100 克果酱。

在软枣猕猴桃中,该品种生长势较强,萌芽率 57.6%,结果枝蔓率 49.2%,坐果率 95%,以中短果枝蔓结果为主,丰产,稳产。在吉林省伤流期为 4 月上中旬,6 月中旬开花,8 月中下旬果实成熟。在绝对低温－38℃地区栽培多年无冻害,为一个适合于寒带地区栽培的鲜食加工两用品种。已申请了新品种保护。

(2) 天源红　中国农业科学院郑州果树研究所和洛阳君山红果业有限公司共同选出的品种。该品种树势较强,适应性中等。果实柱形或近椭圆形,平均单果重 17 克,最大果重 27 克,果皮棕红色,无毛光滑,充分成熟时果肉玫瑰红色,汁液中等,味酸甜,有微香,可溶性固形物含量 15.6%～17%,维生素 C 含量 183 毫克/100 克鲜果肉,该品种 8 月中旬成熟,鲜食和加工两宜。已申请了新品种保护。

二、猕猴桃植物学特征和基本生理知识

(一)猕猴桃的营养价值

猕猴桃果实富含维生素 C，其含量是苹果、梨、桃、葡萄、柑橘

等大众水果的几十倍至上百倍，多食有预防感冒、少白发、便秘、癌症、动脉粥样硬化、心脑血管病、高血压及抗衰老等作用，另外含有葡萄糖、果糖、柠檬酸、苹果酸、酒石酸、蛋白质、果胶、单宁、维生素B、维生素P、干性油脂、多种酶类、抗癌物质芦丁、17种氨基酸和铁、镁、钼、钙等14种矿物质营养，被誉为首屈一指的绿色保健果品。除了鲜食之外，可以加工成果酒、果汁、果酱、果脯、果干、果冻、罐头、饮料等。但提倡以鲜食为主，鲜食能保证其所含活性维生素C不损失。表2-1给出新西兰产海沃德猕猴桃的分析值，可以看出所含营养成分很全，维生素C含量尤为突出，是苹果、梨、桃、葡萄乃至柑橘的数倍至数十倍(表2-2)。

表2-1　海沃德猕猴桃果实的主要成分

成　分	含　量	成　分	含　量
可食部分(%)	90～95	烟酸(毫克/100克)	0～0.5
能量值(千焦/100克)	205～276	钙(毫克/100克)	16～51
水(%)	80～88	镁(毫克/100克)	10～32
蛋白质(%)	0.11～1.2	氮(毫克/100克)	93～163
脂类(%)	0.07～0.9	磷(毫克/100克)	22～67
灰分(%)	0.45～0.74	钾(毫克/100克)	185～576
纤维(%)	1.1～3.3	铁(毫克/100克)	0.2～1.2
碳水化合物(%)	17.5	钠(毫克/100克)	2.8～4.7
可溶性固形物(%)	12～18	氯(毫克/100克)	39～65
可滴定酸(以柠檬酸计,%)	1.0～1.6	锰(毫克/100克)	0.07～2.3
pH值	3.5～3.6	锌(毫克/100克)	0.08～0.32
维生素C(毫克/100克)	80～120	硫(毫克/100克)	16
维生素B_1(毫克/100克)	0.014～0.02	硼(毫克/100克)	0.2
维生素A(单位/100克)	175	铜(毫克/100克)	0.06～0.16
维生素B_6(毫克/100克)	0.15	维生素B_2(毫克/100克)	0.01～0.05

注：据Beever和Hopkirk，1990

表 2-2　猕猴桃与几种大众果品的主要成分比较

类别	种　类	维生素 C(毫克/100 克鲜果)	可溶性固形物(%)	总糖(%)	可食部分
栽培品种	猕猴桃	100～420	13～15	6.3～13.9	85～95
	橘　子	30	13	12	62
	广　柑	49	10	9	56
	椪　子	6	12	7	73
	菠　萝	24	11	8	53
	苹　果	5	19	15	81
	葡　萄	4	12	10	74
	梨	3	14	1.2	77
	枣	380	27	24	91
野生果品	山　楂	89	27	22	69
	野蔷薇果	42～1666	27.5～35	12	45
	醋　栗	580～800	28	3～5	—
	山葡萄	—	10～24	10～24	—

(二)植物学特征和生物学特性

植物学特征主要包括该植物的器官组织结构及其生理生化功能和特性;生物学特性主要包括其生长生理与四季气候环境长期进化适应后形成的生长开花结果到死亡的生长发育特性。

1. 植物学特征

(1)根　猕猴桃根为肉质根,皮层厚。新生根为白色,生长后逐渐转为黄色或黄褐色,嫩而脆;老根灰褐色到黑褐色,有纵裂纹。主根不发达,在实生苗长出 5～6 片叶时,开始停止生长,其骨架功能逐渐被侧根替代。侧根和须根多而密集,组成发达的根系,须根是主要的吸收根。

猕猴桃根系在土壤中的分布因土壤类型、质地、水分、养分及地上部分生长发育的影响而变化。以水平生长为主，多分布在地下10～30厘米深处，在土壤疏松、土层深厚、土壤团粒结构好、腐殖质含量高、土壤湿度适宜园地，水平根系延伸范围可达地上冠径的3倍；在土壤质地较硬，较瘠薄土壤里，则根系小，分布浅，水平分布范围小，总根量小。

猕猴桃根系受伤后的再生能力强，既能发新根，又能产生不定芽。利用此特性可进行根插繁殖苗木。另外，由于其异形导管发达，早春根压大，伤流重，伤流期应避免根部损伤。土壤温度在8℃时，根系开始活动；20.5℃时，生长最旺盛；29.5℃时，基本停止产生新根。其年生长规律为：①生长在热带、亚热带地区，没有明显的休眠期。②在温带，1年有3～4个生长高峰。一是伤流期，为一个很弱的峰；二是新梢迅速生长期后；三是果实迅速膨大期后；四是采果后到落叶前。

（2）芽　猕猴桃的芽有正常芽和不定芽，前者产生于枝蔓上的叶腋间，后者是受伤或受刺激后，局部组织转变成芽分生组织而产生的芽。按照发育程度分为饱满芽、次饱满芽和隐芽，后者常为潜伏芽。按照组成结构分为复叶芽和混合芽，前者指只萌发枝蔓的芽，后者为既萌发枝蔓，又产生花枝蔓的芽。

猕猴桃饱满芽为复腋芽，按2/5或2/3序排列，着生在叶腋间海绵状芽座上。常有1～3个单芽，中间大，为主芽；两边小，为副芽。主芽结构完整，由芽轴、3～4层鳞片、2～3片过渡叶、15个左右叶原基和子代腋芽原基组成。

猕猴桃花芽（花序芽或花枝芽）为混合芽，其抽生枝蔓，枝蔓上着生花序。其生理分化阶段一般集中在开花上1年的7月中下旬至9月上中旬，形态分化从开花当年芽萌发前开始，到花蕾露白前完成，需50～60天。有利于养分积累的树体内外环境及栽培措施均有利于花芽分化，如充足的光照、适宜的温度、湿度、土壤、风力等环境条件，合理的施肥、灌水、修剪及适时适度的化学或手术促控措施等。花芽分化期可细分如下。

①生理分化期：芽内第五至第十二节腋芽原基分生组织由营养生长状态转为生殖生长状态。此期从开花上1年的5～6月份起，到开花当年的萌芽前止，以7～9月份为集中生理分化期。

②花序原基分化期：在开花当年的2月下旬至3月上旬。

③主花和苞片原基分化期：约在3月上中旬。

④侧花和花萼原基分化期：约在3月中下旬进行。

⑤花瓣原基分化期：约在3月下旬的混合芽露绿时进行。

⑥雄蕊原基分化期：约在3月下旬。此时，芽外观已见尚未展开的幼叶。

⑦雌蕊原基分化期：约在3月底至4月初。

⑧花粉母细胞减数分裂和花粉粒形成期：约在4月上中旬、开花前20天左右。

中华猕猴桃和美味猕猴桃的雌、雄花均为潜在的两歧聚伞花序，包括顶花和第一、第二级侧花。侧花的发育进程与顶花相似，稍有推迟，但进程更快。绝大多数雌性品种的侧花败育在花瓣原基形成期。另外，基部第五节左右的顶花与侧花在低温下分化时易发生融合，产生扇形畸形果。

(3)枝蔓　猕猴桃的嫩梢具有蔓性，生长势转弱时常按逆时针方向旋转，盘绕支撑物而生长。当前人工栽培的猕猴桃骨架由主干、主枝蔓、结果母枝蔓、结果枝蔓和营养枝蔓组成。主干由实生苗的上胚轴或嫁接苗的接芽向上生长形成；主枝蔓多为两个，是由主干上发出的骨架性多年生枝蔓；结果母枝蔓是着生在主枝蔓上的具有来年抽生结果枝蔓能力的枝蔓；结果枝蔓是着生在结果母枝蔓上，具有开花结果能力的当年生枝蔓。按生长势及长度分为长结果枝蔓(50～100厘米)；中结果枝蔓(30～50厘米)；短结果枝蔓(10～30 厘米)和超短结果枝蔓(小于 10 厘米,也称丛状结果枝蔓)。营养枝蔓,又称为发育枝蔓,为主干上或主枝蔓上生长的备用替换枝蔓。其在盛果期以后的果园管理上尤为重要。

猕猴桃的枝蔓生长变弱后有自行枯顶现象。枝蔓生长势强弱,生长量大小受种和品种特性、枝蔓位置、果园管理水平、所处地理位置、海拔高度、气候等因素影响较大。其在不同的年份、不同园地的生长量和生长特性不同。华中地区,1 年一般有 3 个生长高峰。第一个在 4 月中旬至 5 月中旬,为一年中生长最快的时期,最大日生长量可达 15 厘米;第二个在 7 月下旬至 8 月下旬;第三个在 9 月上旬,为一小峰。而在北方,只有两个高峰。一个在 4 月上中旬至 6 月上旬,另一个在 7 月。留心观察当地的枝蔓生长情况,以便及时采取促控措施,对枝蔓进行因势利导,最大限度地发挥和利用树体的生产能力。

(4)叶　猕猴桃的叶互生,叶柄较长,叶片大,半革质或纸质,叶形、叶色及功能随叶的大小、树龄、生长势、叶幕层厚度和枝蔓在叶幕层中的着生位置而变化。早春萌芽后即开始展叶,其后迅速生长至大小接近总面积的 90%左右时,转入缓慢生长至定形。通风透光条件下,定形后的叶片到落叶前半个月,光合作用最强,制造和向其他器官输送的养分最多。

叶具有光合和呼吸的功能,当其光合作用大于呼吸作用时,养分积累,并输出供给树体及果实生长发育所需;当呼吸作用消耗物质大于光合作用合成的物质时,消耗所积累营养。具有营养积累功能的叶叫有效叶,不具有营养积累功能的叶叫无效叶,包括幼嫩叶、衰老叶、遮荫叶、病虫害或风等机械伤造成大面积失绿或破损叶。栽培管理的目的就是尽可能地提高有效叶总面积,减少无效叶数量,提高果园总体生产能力和经济效益。

(5)花

①花器构造:中华猕猴桃和美味猕猴桃的雌、雄花均为潜在的

两歧聚伞花序，包括顶花和第一、第二级侧花。侧花的发育进程与顶花相似，但更快。绝大多数雌性品种侧花败育在花瓣原基形成期。花初开呈白色，后渐变成淡黄色或橙黄色。花大，美观，具芳香，缺乏明显的蜜腺组织。属完全花，具有花柄、花萼、花瓣、雄蕊和雌蕊。花萼绿色至褐色，尖卵形，3～7 枚(常 6 枚)，覆瓦状排列，基部合生，密被绒毛，多宿存。花瓣乳白色，5～7 枚(常 6 枚)，基部散生，覆瓦状排列，倒长卵形，波浪缘微卷，无毛。雄蕊 126～258 根，花丝 8～14 毫米长，轮状排列(雌花 2 轮，雄花 3 轮)，花药较大(2～4 毫米长)。雌蕊子房上位，被白色绒毛，花柱长 8～9 毫米，21～41 枚，放射状向外弯曲，授粉后萎蔫，但宿存。花柄长 15～64 毫米，被绒毛。

②开花习性：猕猴桃的开花的时间和花期的长短因品种、雌雄性别、管理水平和环境条件而变化。一般来说，中华猕猴桃比美味猕猴桃开花早 7～10 天；雄性比雌性开花早一些而谢花晚；向阳枝蔓的中部花先开，叶幕层过厚时，架面下受荫处枝蔓上的花开得晚；主花先于侧花开。一朵单花可开放 2～6 天，多为 3～4 天，花开的前 2 天为最佳授粉时间。花期可细分为：一是初花期，指全树有 5%的花蕾开放。二是盛花期，指全树有 30%～75%的花蕾开放。三是终花期，指全树有 75%的花冠萎蔫脱落。

(6)果实　猕猴桃果实为浆果。果形多为长卵圆形，卵、柱、近球形等；皮色以黄绿、褐、棕褐和绿褐色多见；果肉以黄、黄绿、翠绿和黄白色多见，少见金黄和橘黄色。黄色的程度与果肉的香气有紧密正相关。其营养成分见本章开头的营养价值前述。

猕猴桃坐果率可达 90%以上，没有明显的生理落果。花后用适宜浓度的生长素和激动素处理果实 105～115 天，还可实现单性结实，产生无籽果。果实着生部位多在结果枝蔓的第五至十二节位上。中华猕猴桃和美味猕猴桃果实在树上的发育期为 140～180 天。有 3 个明显的阶段。

①迅速生长期：自5月上中旬坐果后至6月中旬，需45～50天。此期果实体积和鲜重增量占70％～80％，种子白色。

②慢速生长期：自6月中下旬至8月上中旬约50天。此期果实增长较慢，种子由白色变成浅褐色。

③微弱生长期：自8月中下旬至采收，此期果实体积增长量小，但营养物质的浓度提高很快，种子颜色更深，更加饱满。树上阶段的果实是硬的，直到采收后放置一段时间方开始软化，进入食用期，从采收后到软化前的阶段称为生理后熟期。这个阶段在没有采前落果的品种上，也可在树上完成。

果实发育过程中，内部化学成分和浓度在不断变化。其中淀粉和糖的变化最明显。在幼果期，单糖转化为淀粉。接近花后16周时，淀粉约占总干物质的50％。17～20周时，淀粉降解为糖。至23周时，果实中糖有一半是现期合成的，另一半是前期积累的淀粉降解的。矿物质初期有所下降，其后保持一个常量。有机酸类(可滴定酸)总含量前期稳步上升，从19周至采果时基本保持不变。维生素C含量在花后10周内急剧上升，其后稍有下降，最终保持一个稳定水平。猕猴桃果实的呼吸模式与桃、苹果等相似。在生长早期有1个很高的呼吸峰，然后下降并稳定到基础呼吸率；在生长后期，其采后呼吸峰不明显，基本与基础呼吸率相同。所以，早采果实不耐贮藏，含糖量低，缺乏固有风味。

(7)物候期　物候期是制订各项栽培技术措施的依据。物候期在不同地区、不同年份、不同品种，甚至同一地区不同小气候或不同管理水平的果园都有所差异。注意观察，为适时实施作业措施奠定基础。猕猴桃的物候期主要如下。

①伤流期：指植株任何部位受伤后不断流出树液的时期。早春萌芽前约半个月到萌芽后的一段时间，为期近2个月。

②萌芽期：指全树有5％芽的鳞片裂开，微露绿色。

③展叶期：指全树有5％芽的叶开始展开。

④新梢开始生长期：指全树有5%的新梢开始生长。

⑤现蕾期：指全树有5%的枝蔓基部现蕾。

⑥始花期：指全树有5%的花朵开放。

⑦盛花期：指全树有75%的花朵开放。

⑧终花期：指全树有75%花朵的花瓣凋落。

⑨坐果期：指全树有50%～95%花朵的花瓣凋落的时期。

⑩新梢停止生长期：指全树有75%的新梢停止生长。

⑪果实停止迅速生长期：指全树有75%果实的体积停止迅速增长。

⑫二次新梢开始生长期：指全树有5%的新梢开始第二次生长。

⑬二次新梢停止生长期：指全树有75%的二次生长新梢停止生长。

⑭果实成熟期：指果实采收后，经后熟，能显现出其固有品质，种子饱满呈深褐色的采收时期。

⑮落叶期：指全树有5%～75%的叶脱落时期。

⑯休眠期：指全树有75%的叶脱落到翌年芽膨大之前伤流期的开始为止。附几个产区中华猕猴桃或美味猕猴桃的主要物候期(表2-3)。

2. 猕猴桃对环境条件需求方面的生物学特性　在我国，猕猴桃种类多、分布广、地理纬度跨度大，其所适应的各种气候因子变化范围也很大。从其主要栽培种所分布省份的气象因子(表2-4)，对其生长发育所需的环境因子有一个概略了解。

(1)光照　猕猴桃幼苗和幼树喜阴，成年树喜光，属喜光耐阴植物。中华猕猴桃和美味猕猴桃需要的年日照时数为1 700～2 600小时，软枣猕猴桃需要1 300～2 600小时。

猕猴桃向阳枝蔓的结实率比背阴处枝蔓结实率高。背阴处枝蔓细弱，芽子不饱满，抗旱、抗寒、抗病能力差，结果性能差，易枯死。

表 2-3 几个产区中华猕猴桃或美味猕猴桃的主要物候期

名称	萌芽期		开花期		果实迅速膨大期		落叶期		代表品种
	中华	美味	中华	美味	中华	美味	中华	美味	
北京	—	3月下～4月上	—	5月中	—	5月下～7月下	—	11月下	秦美
郑州	3月上	3月上中	4月中下	5月上	4月下～6月上	5月上～7月上	12月上中		琼露、秦美
周至	3月上	3月中	4月下	5月上中	5～6月	5月中～7月中	11月下	12月上	红阳、秦美
西峡	2月下～3月上	3月上中	4月中下	5月上	4月下～6月上	5月上～7月上	12月上中		琼露、秦美
桂林	2月中～2月下	—	4月中下	—	—	—	10月下		桂海4号
上海	2月下～3月上	3月上～3月中	4月下	5月上	5月上～6月下	5月中～7月上	11月中下		魁蜜、秦美

实践证明，大棚架叶幕层的厚度以地面见光率10%～15%为宜，大于15%则光能利用率不足，小于10%则下层细弱枝蔓多，树冠郁闭，病虫害严重。小棚架和“T”形架叶幕层厚度也不宜超过1米，以从下向上能够看见星星点点的天空为宜。猕猴桃果实怕光。夏季光照过强，特别是伴随高温、干旱的强光，会引起日灼病。轻者果实阳面受伤变褐，重者果实、枝蔓，甚至叶片枯萎凋落。

表2-4 中华猕猴桃和美味猕猴桃集中分布区的气象资料

地　区	年平均温度（℃）	≥10℃年积温（℃）	年降水（毫米）	相对湿度（%）	无霜期（天）	种　类
广　西	16.4～19.8	—	1046～1941	75～84	300	中华
广　东	19.6～20.3	—	1500～1800	>85	300	中华
福　建	14.6～19.0	—	1543～2099	77～83	251～317	中华
浙　江	16.4	—	1500	—	260～300	中华
湖　南	18.0	>5000	1200～2000	80	192～310	中华、美味
湖　北	15.0～17.0	4500～5000	750～1600	80	230～300	中华、美味
江　西	11.5～19.0	3295～6043	1146～2000	75～84	173～287	中华
四　川	12.0～18.0	4000～6000	900～2000	70～80	220～300	中华
安　徽	14.5～16.6	4685～5305	1362～1678	77～81	211～255	中华
河　南	11.3～15.8	—	602.5～1054.8	66～77	182～249	美味
陕　西	11.5～15.7	—	650～1214	—	160～230	美味
甘　肃	>10	—	450～850	>60	>210	美味
贵　州	11.0～19.0	>4510	971～1400	—	—	美味、中华

（2）温度　中华猕猴桃和美味猕猴桃多分布在海拔200～1 500米的山坡上，其所需的各种温度指标见表2-5。

表 2-5　中华猕猴桃和美味猕猴桃正常生长发育所需的温度

种　类	年平均温度(℃)(最优)	≥10℃的年积温(℃)	1月份平均温度(℃)	7月份平均温度(℃)	极端最低温度(℃)	极端最高温度(℃)	无霜期(天)
中华	>11(14～20)	4500～6000	－3.9～4.0	26.3～30.0	－12.0	42.6	210～290
美味	>10(13～18)	4000～5200	－4.5～5.0	24.0～30.0	－20.3	41.1	160～270

可以看出，中华猕猴桃所忍耐的极端最低温高于美味猕猴桃，所忍耐的极端最高温无差异。需指出，栽培状况下，冬季－15.8℃低温持续1小时，就有可能使美味猕猴桃的芽全部冻死。

中华猕猴桃和美味猕猴桃的生物学临界温度为8℃，即二者只有在日平均气温8℃以上时，才开始萌芽生长。从萌芽到落叶，中华猕猴桃需要210～240天，美味猕猴桃需要190～230天。二者需要的无霜期分别不能少于180天和160天。

进入生长期后，猕猴桃对早春的倒春寒和晚霜以及晚秋的气温大幅度突降和早霜十分敏感。倒春寒和晚霜主要危害芽和花蕾，－1.5℃持续半小时可使已萌动的花芽冻坏；而晚秋的突然降温和早霜首先危害果实，使晚熟品种不能完成生理后熟，不能正常软化或软化后风味品质下降；其次中断叶中养分向枝蔓和根部回流，减少养分贮存，影响翌年春季萌芽后树体的生长势。

猕猴桃不耐高温。气温30℃以上时，枝蔓、叶、果的生长量均显著下降；33℃时，果实阳面即发生日灼，形成褐色至黑色干疤。如果高温伴随着低湿和大风(即干热风)时，可使大量叶缘撕裂，变褐干枯反卷，对叶功能和光合产物积累影响很大。

(3)水分　猕猴桃喜潮湿、怕干旱、不耐涝渍。树体含水量较大，水分约占总鲜重的90%。其有5个明显的需水期：①萌芽前后需灌1～2次水，以补充伤流和萌芽所需。②新梢和幼果迅速生长期需灌1～2次水。此时水分不足，营养生长和生殖生长争夺水分的矛盾被激化，则果实生长发育受阻，影响树体生长、发育、抗逆性能和寿命。③高温干旱的夏天需灌 3～4 次水，以缓解高温和树体蒸腾量大之间的矛盾。④秋季无雨或施基肥后，需灌 1～2 次水，使秋施基肥的效力更好地发挥。⑤入冬后，需灌 1～2 次冬眠水，有利于树体安全越冬。

(4)土壤　猕猴桃对土壤的要求为非碱性的沙壤土、壤土和草炭土。如山地草甸土、山地黄壤、山地黄棕壤、山地棕壤、红壤、黄壤、棕壤、黄棕壤、黄沙壤、黑沙壤以及各种沙砾壤等都可以栽培。但以腐殖质含量高、团粒结构好、土壤持水力强、通气性好为最理想。在土壤 pH 值为 5.5～6.5、含五氧化二磷 0.12%、氧化钙 0.86%、氧化镁 0.75%、三氧化二铁 4.19%的土壤上，猕猴桃生长发育最好。

(5)风　猕猴桃对风最敏感。自然状态下，猕猴桃多生长于丛林之下，集中在背风向阳的地方。所以，人工栽培时，一定要避开风口和常发生狂风暴雨的地方。大风主要使嫩枝蔓折断，叶片破碎或脱落，严重时刮落果实或使果实因风吹摆动擦伤，失去商品价值。此外，夏季干热风引起蔓叶萎蔫、叶缘干枯反卷；冬季干冷风导致抽条或全株死亡。

猕猴桃需要微风，特别在花期，需要 1～3 级的温和风帮助传粉授粉，调节园地局部小气候。微风可以调节园内的温度和湿度，改变叶的受光角度和强度，增加架面下部叶片受光的机会。因此，猕猴桃建园时既要设防护林防大风，又要注意通风透光。

思考题

1. 猕猴桃的植物学特征主要包括哪些方面？

2. 猕猴桃各个器官的构造和功能有哪些？

3. 影响猕猴桃的气候因子有哪些？猕猴桃对这些气候因子的要求是什么？

4. 怎样理解物候期？猕猴桃的物候期大致有哪些？

第三章　猕猴桃优良苗木繁育技术

一、苗圃建设

完整的苗圃包括苗圃地、气象因子可控温室、防虫网室、嫁接室、实验室、消毒灭菌室、接种室、组培室、辅助工具房、仓库、工人休息室、办公室，以及水、电、道路、防风林网等。

(一)苗圃地选择

苗圃地用于播种实生苗、摆放扦插苗营养钵等。要求圃地所在地气候温和，阳光充足，空气、水源、土壤、人文等环境无污染，土地平整，具有良好的灌水和排水条件，不干旱，不涝渍，劳动力资源丰富，交通方便等。

(二)苗圃区基础设施

气象因子可控温室一般用于种子播种、绿枝扦插和组培苗移栽。要求最低限度能够保证植物材料不受暴风雨、高温、低温、低湿度的影响，为苗木的正常生长提供最佳条件。防虫网室用于脱病毒材料的保存。一般要求具有足够的空间用于植物材料的正常生长，网纱的密度要求在40目以上，以防止昆虫的入侵，造成病毒病的汁液传播。嫁接室主要用于机械嫁接设备的安放和操作，一般人工嫁接可以在苗圃，也可以选择一个适当的场所。嫁接室的温度和湿度要求也是可控制的，以便维持良好的常温高湿环境，防止接穗和砧木的失水，以及低温或高温对材料的损伤。实验室用于药剂配制、小型试验的实施等，常备的有组织培养、消毒、无菌水、常规溶剂、酸碱、pH 值测试等各类药剂和器皿，以及各种精度的度量衡仪器设备。消毒灭菌室、接种室、组织培养室主要用于组织培养育苗方式和脱病毒工作。辅助工具房、仓库、工人休息室、办公室，以及水、电、道路、防风林网等基础设施，可根据苗圃的大小和投资规模可简可繁，可参照果园设计，在此略之。

二、苗木繁育技术

猕猴桃育苗技术包括实生苗培育、嫁接苗培育、扦插苗培育、压条（高空和覆盖压条）、分蘖苗培育和组织培养育苗技术等 6 种繁殖技术，其中扦插育苗技术又分为休眠枝扦插、绿枝扦插、嫩枝扦插和插根育苗技术，压条又分为地下压条和空中压条技术。

（一）实生苗培育技术

实生苗培育技术一般用于杂交育种的杂交苗培育和用作基砧的砧木苗培育。其方法步骤如下。

1. 采集种子　籽壮苗肥！经验认为，用作培育基砧的种子，以美味猕猴桃种的生长势普遍强于中华猕猴桃种，而且嫁接中华种的嫁接亲和力大多没有问题。所以，培育基砧苗时，首先在美味种类里寻找生长势强，树体健壮、无传染性病虫害、结果性能好、果实品质好、抗逆性和抗病性强的优良品种或单株，待果实完全成熟后采收，除去小果、病虫果和残次果，室温下散置软化，不能堆放，以免发热影响种子的萌芽力，去果皮在细纱罗里揉搓去果肉，用自来水冲洗干净，装入布袋揉搓去种子上的黏质，阴干，0℃～5℃低温下或干燥箱内保存至播种前 60 天左右沙藏。也可以不阴干而低温保存，但一定要注意切莫让湿种子发霉变质，霉变的种子会影响或失去活力。如果是湿法保存，可以直接沙藏后保存，但应注意温度不能太高，否则猕猴桃种子隔年萌发力很弱，不可用之。

2. 沙藏(也叫层积) 方法有以下几种：第一是用清水将种子浸泡1夜后，用1%的高锰酸钾消毒30～40分钟，控干。第二是取大粒河沙，去石子杂质，冲洗干净，同法消毒或不消毒，晾至半湿(手握成团，松开即散)程度。第三是取一瓦质容器、编织袋或布袋，底层铺5～10厘米的半湿沙，其上铺10～20厘米厚的沙拌种子，沙∶种子＝(10～20)∶1，上面再覆盖以3～5厘米厚的半湿沙，最后在上面撒上防鼠、虫药饵即可。注意半个月左右翻动1次种子层，太干需洒水恢复其合适湿度，太湿需晾一晾，或掺进少许干沙继续沙藏。沙藏温度5℃左右。一般沙藏60天左右猕猴桃种子即可打破休眠，回温至15℃～18℃即可萌芽。

3. 播 种

(1)准备苗床 准备苗床要在播种前一个半月完成，否则处理苗床的药剂残留会影响种子的活力。实践证明，苗床宽1米，长20米为宜，床土pH值5.5～6.5最好，最高不要超过7，否则幼苗的黄化现象非常严重。土质以沙壤土为好，作苗圃以前的6茬种植应为单子叶农作物，刚刨除林木果树的土壤不能用，用则根际病害和苗木缺素症严重。选好土后按5～7立方米拌以1立方米腐熟的有机肥，1～2立方米草炭，1～2立方米蛭石，混匀，过筛，铺成约40厘米厚的平畦，南方做成高畦，用2 000～3 000倍的百虫丹溶液喷洒后，盖上塑料薄膜3～4周，熏杀地下害虫。其后去塑料膜，晾晒土壤1～2周，中间翻耕1次，以充分逸出土壤中的农药挥发气体，避免其对幼苗的毒害。

(2)播种 日平均气温为11℃～12℃时就可以开始播种了。播种前先浇透水，待土壤晾至湿度适宜时播种。播种方法有撒播和条播2种方式。播种量视发芽率而定，以每畦0.1～0.2千克种子为宜。撒播时掺适量细沙土，有利于播匀。播后上覆0.2～0.3厘米厚细沙土，或谷壳、锯末，覆盖草帘、草席或草秸，洒足4 000～5 000倍的代森锰锌溶液，盖上塑料薄膜保墒、保湿，并遮荫，遮荫程度为100%。条播时用锄弓背在畦内划成10厘米行距,0.2～0.3厘米深的沟痕,将种子均匀撒入,覆细沙至平,其后操作同上。

4. 芽萌发后的管理

(1)去掉覆盖继续遮荫　猕猴桃种子很小,幼苗生长相对细弱而且缓慢,同时怕风、怕旱、怕涝、怕强光,需要特别精细的管理。如果温度、湿度适宜,一般在播种后1～2周苗即出齐,在苗高1～2厘米时,揭去草秸等覆盖物,防止只长高不长粗,过于细弱。此刻要改成拱棚。拱棚用1.4～1.5米长的杨树枝蔓或竹竿,两两交叉,插入畦两旁成拱,将草秸、草帘盖在其上遮风挡光保湿,此刻的遮荫度为70%～75%。注意常洒水,保持地面不干。

(2)苗圃移栽前的管理　此期温度渐高,注意常喷水。喷水时可加0.1%～0.2%尿素和磷酸二氢钾,一般不需进行根际施追肥。同时要及时拔草,防止草荒。

(3)移栽　苗高约3厘米,长出3～4片真叶时移栽。移栽时选无风、无强光的阴天、小雨天或晴天的早晚进行。移栽时弃掉弱小的病虫苗。栽植密度实行宽窄行,1宽4窄,宽行行距40厘米,窄行行距10厘米,株距均为5厘米。边起边移,移栽后立即灌水,搭盖遮阳棚。注意连续15～20天,每天喷水保湿,直至秧苗长出新叶,证明已经扎根生长了,方可减少喷水次数。

(4)移栽后的管理　移栽后的管理分两种情况,一是培育嫁接苗,二是培育高接苗。二者在管理上有所不同。

培育高接苗比较简单,即在每个苗子近旁插一根长约2.5米的竹竿,绑缚苗干直立向上生长,直到1.5米高时打顶,让其增粗生长。此间苗梢不打扭卷曲不摘心,见打扭卷曲就摘心,始终保持苗干维管束等养分运输疏导系统的顺利通畅,以利于后期树体的旺盛生长。如果不用竹竿支撑法,也可以采取在行两头设立支柱,顺行拉塑包钢丝或锌包钢丝,沿塑包钢丝或锌包钢丝向每株苗垂直牵绳索,使苗干沿绳索直立向上生长,防止互相缠绕,打扭卷曲。

培育嫁接苗应注意加强肥水管理，促其增高、增粗生长，防止新梢衰弱，避免出现打扭而不得不摘心使其重新直立生长，造成主干输导组织的多余打结。可单苗插杆，可在行两头设支柱牵绳，方法同上。

两种方法都要注意除草、灌排水和施肥。灌水改喷雾为畦灌或浇灌。施肥可改为行间沟施或撒施后灌水。不要将肥料撒在叶子上和幼苗根颈部要撒入沟内覆土。每次每畦 0.2～0.3 千克尿素，加少许磷酸二氢钾。施后立即灌水。同时注意一定要“少吃多餐”。同一育苗条件下，苗子的生长好坏、快慢和健壮程度主要取决于管理者的精心管理与否，施肥上想省力而采用 1 次吃个饱的做法往往造成肥料烧苗。

(5)植保管理　2 周左右喷 1 次 75％的敌克松 800 倍液，或 75％的百菌清 600～1 000 倍液，或 800～1 000 倍的多菌灵、甲基硫菌灵均可，防止根、茎和叶部病虫害。另外，用药的种类和浓度要参照农药说明书，不可直接照搬。

(二)嫁接苗培育技术

嫁接苗的培育，首先要注意砧木和品种接穗的亲和性是否良好。一般经验认为，美味猕猴桃作为实生砧木比较好，抗性强一些，生长势好一些。砧木选定后还要注意除去病虫弱苗和残次苗；接穗的选择一定要注意选优良品种的无病健壮枝蔓。嫁接技术包括以下几方面内容。

1. 嫁接的时期和部位

(1)嫁接时期　除了伤流期和最热最干旱的季节，嫁接成活率都较高。冬季较冷的地方，在 1～2 月份嫁接时，可采用室内嫁接。

(2)嫁接部位　苗木的嫁接部位多在茎干离地面 5～6 厘米光滑处，如果基砧苗木生长得较大，也可提高嫁接高度。实生定植苗的嫁接高度一般在苗木定植后，生长稳定，确保成活下嫁接，距地面高度为 1.5 米左右。

2. 嫁接方法

(1)劈接　此法多用在春季萌芽前，且接穗粗度等于或小于砧木粗度的情况下。做法为：①将砧木在离地面 5～10 厘米光滑处横向剪断，剪口平面朝上，选剪口粗度等于或接近于接穗粗度，垂直于断面纵切一刀，深度 1.5～2 厘米。②将接穗剪留 1～3 个芽，上端剪口距芽 2～3 厘米，下端剪口距芽 3～4 厘米，然后将接穗下端削成斜面长 1.5～2 厘米楔形。楔形的两个斜面是否大小一致，取决于砧木上切口的位置。切口位置在砧木断面正中的，则两个斜面大小一致，不在正中的，则两个斜面一大一小，其大小尽量与砧木上的切口接近。③将削好的接穗插入砧木切口，至少对准一边形成层，两面对准更好，用弹性塑料条分别将所有伤面包严绑紧，包括接穗的上端。接穗上端剪口也可采取封蜡法，防止水分散失。

此法的优点为嫁接时好操作，速度快，嫁接后愈合快，成活率高，萌芽快，接口牢固，遇风不易从嫁接口折断。

(2)舌接　此法多用在春季萌芽前或冬季进行室内嫁接，适合于接穗与砧木粗度相等或接近的情况下。做法为：①将砧木和接穗分别按上述劈接法要求剪断，在砧木的剪口和接穗的下剪口光滑处分别削出倾斜 15°～20°，长 2～3 厘米斜面，在距斜面尖端约 1/3 处，与枝蔓、砧干平行，纵切深度约 0.5 厘米切口，将砧木和接穗的这两个切口对接严密，一边或两边形成层对准，尽量不要错位；②用弹性塑料条分别将所有伤面包严绑紧，包括接穗上端。接穗上端剪口可用封蜡法，防止水分散失；③室内嫁接好的嫁接苗，最好放在 18℃～20℃保湿环境中 25～30 天，使其伤口充分愈合后再移栽入自然条件下的苗圃中。冬季如果外界温度过低，栽苗过程中和嫁接苗栽植后，注意及时埋土或覆盖防寒。苗木根系极易受冻害，－1℃持续半小时就可出现根系冻伤。

此法的优点同劈接法，且可以机械化操作。机械化嫁接时切口可有多种变化。

（3）枝蔓皮下腹接　枝蔓腹接近年来不常用于苗木嫁接，多用于高接换头。其有2种接法，一为露芽枝蔓腹接，二为露头枝蔓腹接。前者多用于苗木嫁接，后者多用于高接换头。

①露芽枝蔓皮下腹接：首先在砧木离地面5～10厘米光滑处，或要高接的骨架枝蔓的光滑处，切1个3～4厘米长的切口，其深度以刚及木质部为宜，切去2/3断端皮。其次在接穗饱满芽背面削一同样长度和深度的削面，去皮。然后分别在芽上、下部各约1.5厘米处，以芽方短、背方长，剪或削成30°～35°的斜面。最后将接穗与砧木的长削面相对，至少使一边形成层对齐，用弹性塑料条将所有伤面包严绑紧，包括接穗的上端，而将芽露在外面即可。

②露头枝蔓皮下腹接：首先在砧木离地面5～10厘米光滑处，或要高接的骨架枝蔓的光滑处，切一约1.5厘米长，倾斜约30°的斜切口，切口下部深度以稍入木质部为宜。其次在接穗饱满芽背面下方约1.5厘米处，向下削一同样长度和斜度的削面，并在对面削一约30°的小斜面。然后将接穗长斜面朝向砧木木质部插入削口底部，至少使一边形成层对齐。最后用弹性塑料条分别将所有伤面包严绑紧，包括接穗的上端（此处封蜡也可）。

（4）嵌芽接　也称带木质芽接。虽然其在所有嫁接季节都可以采用，但是此方法目前在生长季嫁接时应用得更多。方法为：①选砧木离地面5～10厘米光滑处，先在下部切一长度为0.3～0.4厘米，深度为砧木直径的1/5～1/4，斜度约为45°的斜面；再从其正上方约2厘米处下刀，向下沿15°～25°斜切至第一刀的深处，去掉切块。②同法在接穗的饱满芽上、下方各1厘米处下刀，切出带木质芽块，其大小尽量与砧木上的切口一致。③将切好的芽块插入砧木切口，插紧插正，形成层对准，或至少使一边形成层对齐。④用弹性塑料条将所有伤面包严绑紧，防止水分散失。上半年嫁接时，接芽可露在外面，有利于成活后立即萌发，但是秋季嫁接时则要包住接芽，以防冬前萌发。

(5)管接　管接主要用在枝蔓组织比较幼嫩的情况下，如温室内或组培室嫁接，此法的优点为操作快，嫁接成活率高。方法为：①选砧木和接穗同样粗细的地方，垂直于枝蔓纵径横切之；②然后取和枝蔓粗度相近的塑料吸管，剪成1.5～2厘米长的段，一般套在砧木断口处，然后将接穗段剪口对准砧木剪口插入管子的另一半中，插紧让砧木与接穗剪口紧密接触，插紧插正，形成层对准，或至少使一边形成层对齐，有利于砧木营养汁液的迅速供应接穗断端，加快接穗部成活速度；③用塑料袋将所有嫁接部位枝蔓包严绑紧，防止水分散失，注意嫁接苗所在场所的温度、湿度变化，以20℃～26℃条件下，湿度保持在饱和状态最好，同时在嫁接环境里喷施杀菌剂，防止病菌感染，造成嫁接失败。嫁接后10～20天，接穗开始生长时，证明嫁接已经成活。

3. 提高嫁接成活率的要点　一是砧木和接穗粗度要一致或接近，粗度0.4厘米以上，管接除外。二是工具锋利，切削面平滑，切面大小一致。三是所有伤面保持清洁，无菌类感染。四是尽量让所有形成层对准，紧密接触，如果砧穗粗度不一致，则至少一边形成层对准。接芽或接穗基部和砧木切口接触紧密，不留缝隙。五是绑扎严密，不让伤面接触外界水分和空气。六是技术熟练，操作快，伤口暴露时间短。七是绿枝蔓嫁接时，剪去一半叶片，有利于提高嫁接成活率。

4. 嫁接后的管理　一般嫁接后10～30天伤口即可愈合。夏季快，冬季愈合需时长一些。愈合后即可解绑，但秋季嫁接要等到翌年2月份解绑。解绑时在接口上2～3厘米处(剪砧处)剪砧。剪砧后及时抹去砧木上的萌芽，促进嫁接芽生长。嫁接芽长至15～40厘米时摘心、立柱、拉绳索、绑茎干、锄草、灌水、施肥，植保管理见前述实生苗管理。

(三)扦　插

1. 硬枝蔓扦插　所用材料多为 1 年生休眠期枝蔓扦插。其方法大致如下。

(1)插床准备　插床同上述实生育苗的自然苗床。也可以不用苗床,直接将培养基质装入营养钵或塑料管,作为培养容器,便于苗木的带土移栽。苗床的基质多选用疏松肥沃土壤和通气透水肥力良好的草炭土,加上 1/5～1/4 的蛭石或珍珠岩。蛭石和珍珠岩作基质时,再加 1/5 左右腐熟的有机肥,并充分拌匀。基质最好消毒。消毒方法:①物理消毒法。即用高压蒸汽锅在 1.2 个大气压下蒸汽灭菌 1 小时。此法用于少量基质的消毒。②化学消毒法。常用1%～2%的福尔马林溶液均匀喷洒基质后,覆盖塑料膜熏蒸 1 周,再打开膜,通风 1 周即可用,或者直接加入无公害的高效低毒杀虫剂和杀菌剂,清除土壤中的有害菌,确保苗木正常生长,此法用于大量基质的消毒。

(2)插穗准备　选择枝蔓粗壮、组织充实、芽饱满的 1 年生枝蔓,剪成 20 厘米左右长段,上下一致捆成小把,两端封蜡。如不立即扦插,需层积保存。保存的方法为:接穗表面喷 1 次甲基硫菌灵溶液,然后用 1 层湿沙,1 层插穗,呈现三明治状态。沙子湿度为手握成团,松开即散。长期保存时,注意每 1～2 周翻查湿度是否合适,有无霉烂情况。湿度不合适调整之,有霉烂情况时进行 1 次药剂处理。

(3)扦插　硬枝蔓扦插多在冬季到翌年 2 月末之间进行。取出插穗,剪去下端封蜡口,以倾斜 45°剪最好,蘸上生根粉或生长素液,生长素浓度 50～500 毫克/升,处理数分钟至 1 小时。处理时间短,浓度需大一些,浓度低则需时长。另外,中华猕猴桃和美味猕猴桃难生根,需用高浓度,处理时间长一些;而毛花、狗枣、葛枣、软枣猕猴桃等易生根,处理浓度低,时间短。生长素处理的枝蔓可先在18℃～21℃的温床中倒置3周左右，诱导基部产生愈伤组织，然后在5℃左右的保湿环境中存至春季扦插。扦插时将插穗的2/3～3/4插入床土，留1个芽在外，直插、斜插均可。可用木棍或竹棍引路，以防插伤表皮。插条间的插距为10厘米×5厘米（即行距为10厘米，插穗距离5厘米），可以每4行留1宽行，以便其后的嫁接，插后灌水，以利于插条和土壤的紧密接触，盖上锯末或草帘，并搭拱棚遮荫。其后管理同实生育苗圃管理。

2. 绿枝蔓扦插　绿枝蔓扦插指生长期带叶枝蔓的扦插。也称为半木质枝蔓扦插。

（1）插床准备　嫩枝蔓扦插的插床基本同硬枝蔓插床，有两点不同，一是要有充足的光照条件，二要有弥雾保湿设备。光照为插穗的叶片提供光合能量，弥雾保湿减少叶片的蒸腾作用，为了减少水分散失，可将叶片剪去1/2～2/3，以利于减少插穗的水分损失。

（2）插穗准备　绿枝蔓插穗选用生长健壮、组织较充实、叶色浓绿厚实、无病虫害的木质化或半木质化新梢蔓。绿枝蔓插穗不贮藏，随用随取材。为了促进早生根，可用生长素类处理下部剪口。常用药剂及处理浓度有：IBA 20～500毫克/升处理30秒至1分钟，或3～5克/升速蘸；NAA 20～500毫克/升，处理时间同上，ABT生根粉蘸下剪口等。

（3）扦插　方法同上述硬枝蔓扦插，注意保湿，特别在插后的前2～3周内，保持高湿度决定着扦插的成败。弥雾的次数及时间间隔以苗床表土不干为度，弥雾的量以叶面湿而不滴水即可。过干会因根系尚未形成，吸不上水而枯死，过湿会导致各种细菌和真菌病害发生蔓延。绿枝蔓扦插的喷药次数较多，大约1周1次。多种杀菌剂交替使用，以防各病种的多发性，确保嫩枝蔓正常生长。插后3～4周，根系形成。此后逐步减少喷水次数，逐渐降低空气湿度。绿枝蔓扦插苗生根后1～2周，约在插后40天，即可移栽。移栽应选无风的阴天或晴天的早晚进行。环境温度15℃～

25℃,空气湿度接近饱和情况下,移栽成活率高。移栽后立即灌透水,但不要积水。移栽后1个月内都要注意保湿和遮荫。其后保湿方面同常规管理。

扦插成的砧木苗需嫁接。嫁接扦插苗需摘心、绑蔓,方法同高位嫁接的砧木苗培育。

3. 插根 猕猴桃的插根成功率比枝蔓扦插高,这是因为根产生不定芽和不定根的能力均较强。插根穗的粗度也可细至0.2厘米,插时不用蘸生根粉或生长素。根插的方法基本同枝蔓插,也有直插、斜插和平插3种方式。但插穗头外露仅0.1～0.2厘米,而且要保湿,可以用谷壳、锯末等进行表面覆盖,以利于根插条萌发不定芽,还可以每周或每2周1次改喷水为喷杀菌剂,防止根基霉变;其余管理相同。插根一年四季均可进行,以冬末至春初插根效果好。初春插后约1个月即可生根发芽,50天左右抽生新梢。新梢比较多,留一健壮者,其余抹掉。

4. 枝上芽、根上芽扦插 此法为利用根和枝蔓上萌发的嫩芽,来扦插形成较多的单株。方法为:将枝条或根插穗上萌发的多余的黄色嫩梢从基部掰下,蘸或不蘸生根粉,带叶扦插在同样基质上,生根长成植株。因为根和黄色嫩梢都含有较高水平的生长素,对生根很有利,所以此方法的成功率很高。注意插后前期搭塑料小拱棚和弥雾保湿,其他管理同上。

(四)压条与分蘖繁殖(分株)

1. 压条 利用猕猴桃裙枝蔓和旺长而无用的枝蔓,就地埋入土中,或用土、锯末等基质局部包埋,促其生根后分离出植株的方法叫压条。压条繁殖率不高,不常用,但作为一种繁殖技术,在此作以介绍。其分为地下压条和空中压条。

(1)地下压条 一般对于长的裙枝蔓多采用此法。做法为:每3～5节留1个芽在地面上,其余埋入地下。可在埋入地下的枝蔓下部，用小刀纵向划痕造伤，蘸上生根粉或生长素（一般用 IBA 20～500 毫克/升）后，埋入土中，促其生根。待根完全长成后，分段剪断，分离出新植株。地下压条的关键为保持土壤湿润疏松，以利于新根生成。

(2)空中压条　空中压条为利用树体上旺长而健壮，但没有空间发展的枝蔓来繁殖新的植株。方法为：在所选枝蔓上，分段用黑色塑料薄膜包裹绑缚一团湿沙土、湿锯末或蛭石等基质，人工营造一个地下环境，促其生根。其中的造伤、蘸生根粉、保湿等措施同上述地下压条。生长季处理后 1～2 个月即可生根，生根后 1～2 周即可分段剪下，带基质移栽。

2. 分株　分蘖本身不是一个好的性状，猕猴桃的分蘖在多数种类上都很强，可以利用这一特性进行根系分离，使其成为一个独立植株。此法繁殖率更低，故不常采用。

压条和分株繁殖时一定要注意母株健康程度的选择，避免传染性疾病借分体蔓延传播，特别是病毒病等活体传播病虫害，更要注意防止随植物材料的扩散。

(五)组织培养繁殖与工厂化育苗

植物组织具有无限增殖和产生不定芽和不定根的能力。在培养条件适宜时，用一个芽可以培养出许多植株来。其在保持优良砧木及品种种性，进行大批量的工厂化育苗方面具有很好的意义。

1. 外植体材料消毒与接种　取田间或温室里当年生新梢或 1 年生枝蔓，去掉叶片和叶柄，用肥皂水将表面刷洗干净，并用自来水进行充分冲洗，剪成一芽一段，放入干净烧杯，进超净工作台：首先用 70%酒精洗一下，再用无菌水（用高压锅在 120℃下蒸汽灭菌 30 分钟的水）冲洗 3～5 遍；再用 0.1%升汞液消毒 5～10 分钟，无菌水冲洗 3～5 遍；然后用酒精灯火焰消毒过的工具（镊子、剪刀、拨针、解剖刀等）剥去鳞片和叶柄，取出带数个叶原基的幼芽接入培养基,半包埋即可。

如果外植体所在的环境污染比较厉害,外植体接入无菌室这一关比较难以通过,经常出现外植体的接种全部污染问题时,则可以通过接种茎段法。操作方法为:取枝条用上述方法消毒后,在无菌条件下剥去外皮层,露出白色内皮层,注意不要用所有接触到消毒枝条的正在用的工具接触上白色内皮层部分;换取消毒剪剪掉剥段一头约 0.5 厘米长,扔掉,换干净镊子夹住刚剪过的一端,再剪掉另一端约 0.5 厘米长,将剪好后的最干净的剥段接种于培养基中,半包埋,待愈伤组织产生后长出不定芽,则容易成功。如果接种枝条太粗,可以将其劈成 2～4 瓣后接种,有外内皮层的一面朝下,半没入培养基中,有髓的一面朝上,有利于组织吸收营养,长出新组织和不定芽。这个方法的缺点是不定芽在保持种性方面不太保险,容易发生变异。

培养基成分见表 3-1。

表 3-1 猕猴桃继代培养基成分 (毫克/升)

成 分	含 量	成 分	含 量	成 分	含 量
硝酸铵	1650	磷酸二氢钾	1700	7 水硫酸镁	370
硝酸钾	1900	7 水硫酸锌	8.6	2 水钼酸钠	0.25
EDTA 钠	37.2	5 水硫酸铜	0.025	2 水氯化钙	440
6 水氯化钴	0.025	维生素 B_1	0.1	1 水硫酸锰	22.3
碘化钾	0.83	7 水硫酸铁	27.8	硼 酸	6.2
肌 醇	100	维生素 B_6	0.5	烟 酸	0.5
甘氨酸	2.0	蔗 糖	30000	琼 脂	6000
BA	1.0	IBA	0.3～0.5	培养基 pH 值	5.8

培养基配好后装入广口罐头瓶、三角瓶或试管中,装入量为 1～2 厘米高,120℃灭菌 20～30 分钟后备用。外植体接种后放到

培养室的培养架上培养。培养条件为：光照 1 000 勒，8～10 小时，暗 14～16 小时；温度 25℃～28℃。培养 1～2 周，即可看出是否消毒彻底，有无感染。及时检查，将未感染的外植体转接到新的培养瓶内，丢弃已感染的外植体。

2. 继代繁殖　上述接入的外植体培养 1～2 个月，即可长到 2～3 厘米长的新生嫩梢。在超净工作台上，将其剪成约 1 厘米长的茎段，接种到新的培养基中（培养基的配方同上）。剪茎段时所用工具和培养皿（或牛皮纸）都要经过消毒，消毒方法分别同上述酒精灯消毒法和高压蒸汽消毒法。其后，大约每 25 天左右进行 1 次继代培养。每次的茎段增殖量为 3～4 倍。反复进行继代培养，直到满足所需数量。

3. 生根　上述培养的茎段长到 2 厘米以上时，即可用于生根。生根培养基的成分为上述培养基的大量元素减半，除激素和蔗糖外，其他成分不变（表 3-2）。

表 3-2　生根培养基成分　（毫克/升）

成　分	含　量	成　分	含　量	成　分	含　量
硝酸铵	825	磷酸二氢钾	850	7 水硫酸镁	185
硝酸钾	950	7 水硫酸锌	8.6	2 水钼酸钠	0.25
EDTA 钠	37.2	5 水硫酸铜	0.025	2 水氯化钙	440
6 水氯化钴	0.025	维生素 B_1	0.1	1 水硫酸锰	22.3
碘化钾	0.83	7 水硫酸铁	27.8	硼　酸	6.2
肌　醇	100	维生素 B_6	0.5	烟　酸	0.5
甘氨酸	2.0	蔗　糖	15000	琼　脂	6000
BA	0	IBA	0.1～0.3	培养基 pH 值	5.8

生根培养基配好后也需高压蒸汽灭菌（120℃，20～30 分钟）后使用。生根培养 20 天左右，茎段上即可长出根，成为完整苗。

生根苗长到3～5厘米长时即可炼苗、移栽。

4. 生根苗的锻炼和移栽

(1)炼苗　组培苗在人工培养条件下长期生长,对自然生长环境的适应性减弱。移栽前需要一个过渡阶段,即炼苗。炼苗方法为:将培养瓶移至自然光照下2～3天,打开瓶口2～3天,再移栽。

(2)移栽　移栽时首先洗净根上培养基,避免培养基感染杂菌导致苗死亡。移栽的方法、灌水、遮荫等管理和实生苗移栽时相同。但需注意组培苗比较娇嫩,要轻轻操作。

5. 工厂化育苗　将上述培养基制备、装瓶、消毒、无菌苗增殖、生根、炼苗、移栽等过程全部大批量的在实验室和温室中进行并完成,即为工厂化育苗。

三、苗木标准(修订稿)及苗木的出圃与运输

(一)国家苗木标准(修订稿)

国家苗木标准(修订稿)见表3-3。

表3-3　中华人民共和国猕猴桃苗木标准(修订稿)

项　目		级　别		
		一级	二级	三级
品种砧木		纯正	纯正	纯正
侧根数量		4条以上	4条以上	4条以上
侧根基部粗度		0.5厘米以上	0.4厘米以上	0.3厘米以上
侧根长度		全根,且当年生根系长度最低不能低于20厘米,2年生根系长度最低不能低于30厘米		

续表 3-3

项　目		级　别		
		一级	二级	三级
侧根分布		均匀分布，舒展，不弯曲盘绕		
苗木高度(除去半木质化以上嫩梢)	当年生种子繁殖实生苗	40 厘米以上	30 厘米以上	30 厘米以上
	当年生扦插苗	40 厘米以上	30 厘米以上	30 厘米以上
	2 年生种子繁殖实生苗	200 厘米以上	180 厘米以上	160 厘米以上
	2 年生扦插苗	200 厘米以上	180 厘米以上	160 厘米以上
当年生嫁接苗		40 厘米以上	30 厘米以上	30 厘米以上
2 年生嫁接苗		200 厘米以上	180 厘米以上	160 厘米以上
嫁接口上 5 厘米处茎干粗度	低位嫁接当年生嫁接苗	0.8 厘米以上	0.7 厘米以上	0.6 厘米以上
	低位嫁接 2 年生嫁接苗	1.2 厘米以上	1.0 厘米以上	0.8 厘米以上
	高位嫁接当年生嫁接苗	0.8 厘米以上	0.7 厘米以上	0.6 厘米以上
高位嫁接 2 年生嫁接苗		0.8 厘米以上	0.7 厘米以上	0.6 厘米以上
饱满芽数		5 个以上	4 个以上	3 个以上
根皮与茎皮		无干缩皱皮	无新损伤处	陈旧损伤面积<1.00 厘米
嫁接口结合部愈合情况及木质化程度		均良好		

(二)关于苗木标准的说明

1. 范围　本标准适用于 1～2 年生的猕猴桃实生砧苗木、自根营养系苗木和嫁接苗木。3 年生以上苗木栽植成活率较低，不列入合格苗木范围。

2. 定　义

(1)实生砧　指用种子播种繁育的实生砧木苗；

(2)自根营养系　指用扦插、分株、压条、组织培养等方法繁育的营养系苗木；

(3)嫁接苗　指在上述实生苗和自根营养系苗木上嫁接了栽培品种的苗木；

(4)根皮及茎皮损伤　指因自然、人为、机械或病虫引起的损伤。无愈伤组织为新损伤处，有环状愈伤组织的为陈旧损伤处；

(5)侧根数量　指实生砧木主根或自根营养系苗木地下茎段直接长出的侧根数；

(6)侧根基部粗度　指侧根距茎基部2厘米处的直径；

(7)全根　指根系在起苗后保持完好无损，没有缺根、劈裂伤和断根；

(8)苗干高度　指从地面至嫁接品种茎先端芽基部的距离；

(9)苗干粗度　低接苗指苗干离地面5厘米处的直径，高接苗指离地面160厘米处的直径；

(10)苗干木质化程度　指苗干木质部的木质化程度；

(11)扦插苗苗干　指扦插枝蔓的芽萌发长成的苗干，或插根不定芽萌发而成的苗木；

(12)扦插苗苗干粗度　当年生扦插苗干粗度指扦插苗干上距原插穗5厘米处苗干的直径，2年生苗苗干粗度指高接苗离地面160厘米处的直径；

(13)饱满芽　指苗干上生长发育良好的健康芽；

(14)接合部愈合程度　指各嫁接口的愈合程度；

(15)苗木年龄　实生砧苗要求砧木生长1年，嫁接苗要求砧木生长1年，嫁接后生长1年，扦插苗要求扦插后生长2年。3年生以上的苗木定为不合格苗木。

3. 病虫害检疫标准　不得携带下列检疫性病虫害：

(1)根结线虫　北方根结线虫和南方花生根结线虫；

(2)介壳虫　狭口炎盾蚧，也称贪食圆蚧、绵粉蚧、柿圆蚧、草履蚧等；

(3)根腐病 疫霉菌类根腐病、蜜环菌类根腐病等；

(4)溃疡病 丁香假单胞杆菌猕猴桃溃疡病致病菌变种；

(5)病毒病 花叶病毒和褪绿叶斑病毒；

(6)丛枝菌 类菌原体。

4. 检测方法 同一批苗统一检测。

(1)检验砧木类型或猕猴桃品种 根据砧木或品种的植物学特征。

(2)测量老损伤处 用透明薄膜覆盖伤口绘出面积，再复印到坐标纸上计算总面积。

(3)测量粗度和长度 测量侧根粗度和苗干粗度用游标卡尺，测量侧根长度、苗木长度和苗干高度用钢卷尺。

(4)病虫害检验方法 ①根结线虫：根部有不规则膨大结节，数量和大小不一，颜色同健康根。在解剖镜下解剖结节可看到半透明状线虫体。②介壳虫：在苗干和枝蔓上附着有被白色蜡粉的褐色或黑色介壳虫体，目检。③根腐病（疫霉菌类根腐病、蜜环菌类根腐病等）：根颈部，乃至整个根系呈水浸状病斑，褐色，腐烂后有酒糟味，目检。④溃疡病：苗干部有溃烂，伴有白色至铁锈色汁液流出，或溃烂后留下的干疤，有纵裂痕，纵裂两侧韧皮部木栓化，并加厚。⑤病毒病（花叶病毒、褪绿叶斑病毒）：叶部有明显病斑。⑥丛枝菌（类菌原体）：枝蔓丛生，芽节间很短。

5. 检测规则

(1)检验苗木 限在苗圃进行。

(2)检验苗木质量与数量 采用随机抽样法。999 株以下抽样 10%，1 000 株以上，在 999 株以下抽样 10% 的基础上，对其余株数再抽样 2%。即 999 株以下抽样数＝具体株数×10%，1 000 株以上抽样数＝999 株以下抽样数＋[（具体株数－999 株）×2%]，计算到小数点后 2 位数，四舍五入取整数。

6. 相关规定 一是生产单位应对一般病虫害加以控制,以防蔓延。二是苗木出圃时要附有苗木标签和苗木质量检验证书。三是苗木标签要求用厚度0.1～0.12毫米的白色聚乙烯膜标签,标签正面印刷项目用黑色5号宋体字,反面为空白,用蓝色圆珠笔填写标签。四是苗木交接时,用苗单位认为苗木质量不符合标准或苗数不足时,由用苗单位和生产单位共同复检,以复检结果为准。五是复检出现误差时,生产单位必须按用苗单位购买的同级苗补足总数,扣除苗数不予计算和收回。计算方法如下:补苗数＝购买的同级苗数×(苗木质量不符合标准的株数＋苗木数量不足数)÷抽样苗数×100。六是苗木检疫证书要求凡是检疫对象和应控制病虫的苗木,严格封锁,不得外运。不得发放苗木检疫证书,否则后果由检疫证发放单位负责。

7. 保管、包装和运输

(1)保管 秋末起苗,必须做好越冬保管工作。通常保管在保持一定湿度的假植沟中。假植沟要选背风、向阳、地势高处。沟宽50～100厘米,沟深和沟长分别视苗高、气象条件和苗量确定。须挖2条以上假植沟时沟间距离应在150厘米以上。沟底铺湿沙或湿润细土10厘米厚,苗梢朝南,按砧木类型、品种和苗级清点数量,做好明显标志,斜立于假植沟内,填入湿沙或湿润细土,使苗根、茎干与沙土密切接触,地表填土呈堆形。苗木无越冬冻害或无春季抽条现象的地区,苗梢外露10厘米左右;有越冬冻害或有春季抽条现象的地区,苗梢埋入土下10厘米。冬季多雨雪地区,应在假植沟四周挖排水沟。

(2)包装 苗木运输前,用稻草、草帘、蒲包、麻袋、草绳等包裹捆好。每包50株,包内苗根部填充保湿材料,做到不霉、不烂、不干、不冻和不受损伤。包内、外要附有苗木标签。

(3)运输 苗木运输要适时,保证质量。汽车自运苗木,途中应有塑料厚膜和帆布篷2层覆盖,做好防雨、防冻、防干、防失等工作。到达目的地后，尽快定植或假植。

思考题

1. 苗木繁殖技术有哪些?
2. 苗木嫁接技术有哪些?
3. 怎样判定苗木规格?

第四章　猕猴桃建园技术

一、猕猴桃园地选择

（一）猕猴桃园地选择对气候条件的要求

年平均气温 11.3℃～16.9℃；极端最高气温不超过 42.6℃，极端最低气温不低于－15.8℃；深秋、初冬无急剧寒流，不会出现气温突然下降到－12℃以下；≥10℃年有效积温为 4 500℃～5 200℃；生长期日平均气温不低于 10℃～12℃，无大风。

（二）猕猴桃园地选择对环境条件的要求

无霜期 160～240 天；日照时数 1 300～2 600 小时；自然光照强度 42％～45％；年降水量 1 000 毫米左右；空气相对湿度 70％以上。

（三）猕猴桃园地选择对土壤条件的要求

土层深厚，疏松肥沃，富含有机质，pH 值 5.5～6.8，排水良好，土壤质地要求为山地森林土，红、黄、棕、黑沙壤或壤土。在我国猕猴桃的适生区，完全满足这些条件的地方不多，但是如果土壤肥沃，排灌方便，光照充足，气候温和，非风口、雹打线等的地块，干旱的北方如有灌溉条件，湿润的南方有排灌措施，有大风的地区建设有防护林，则也可以栽培。

二、猕猴桃园建设

(一)猕猴桃园区规划

1. 道路 建立产区、果品基地和大果园时,须考虑道路和果园建筑。产区和基地规模均较大,要选在交通干线、支线上,直通国道或地方的交通主干道水泥或柏油路。一般需要有两车道。大果园内要有6米宽的果园干道,通向工具房、果库、粪池、水池、看护房等果园建筑,果园干道为行政主干道的分支。果园干道以下设计小区间作业机械或运输工具车通道,称为支道,宽3~4米。其为果园干道的分支。小区内要留有作业道,宽2米左右,可通小型机械运输工具及人力车等,便于粪肥、果实运输和机械喷药。

2. 果园建筑 主要为看护房、农机具等工具房、果库或临时果库、农药房、粪池、水泵房及水池,或喷灌、滴灌设施,甚或小型气象站等,其设计规模和建设水平可根据果园大小和投资力度而定,可正规,可简陋。

3. 排灌系统 排灌系统有现代化的喷灌、微喷、滴灌、砖和水泥硬化沟灌、地下管道暗灌、土沟灌、穴灌等。最常见的仍然为土沟灌系统。其结构为沿大、小道路和防护林旁设成明渠灌排水网,灌水渠在地势高的一端,排水渠在地势低的一端。也可在灌排水渠的两端设闸,从而使灌排水渠合二为一,以上游的排水渠作下游的灌水渠,涝时用于排水、蓄水,旱时用于灌溉。进入果园内部的灌水小沟,比较经济实用且对树体根系有好处的为排沟灌。让根系部分浸在水里,部分吸收可为土壤渗水,从而能够呼吸,维持在较好的生命活动状态。排灌系统在坡度较大的浅山和梯田果园,要分级设跌水,防止坡度太大,水流过猛,毁坏设施。

4. 防风林　防风林带分为主防风林带和副防风林带。主防风林带设在主干道和干道两侧，主干道旁栽树 6～8 行，干道栽3～6 行；副防风林带设在小区间支路两边，为 2～3 行。防风林带距果园 5～7 米，与果园之间用 1 米深的沟隔开，防止防风林带树种根系向果园内延伸生长。防风林带在 2 行以上时需乔、灌木结合，乔木与灌木之比为(1～2)∶1(图 4-1)。乔木树种可选速生树种，如白杨、水杉、木麻黄、云杉、柳、香椿、松等，灌木可选枸橘、冬青、黄杨等。注意所选树种的花期不能与猕猴桃花期相同，否则会影响猕猴桃授粉和坐果。也可以在乔木防风林树种旁栽上猕猴桃雄株品种树，让其沿着乔木向上生长，花期采用人工定向鼓风法，进行授粉。

图 4-1　防风林

(二)猕猴桃园小区设计

1. 平地和缓坡地建园的小区设计　平地建园设长方形小区。长 100～150 米，宽 40～50 米，面积 0.6～1.1 公顷，行向选南北向为好。小区四周设防风林带，垂直于当地主风向的一面较厚，为3～4 层高低不同的树种，平行于当地主风向的一面较薄，由一层高、一层低的树种构成。面积较大的小区或风力较强的地区，在小区内每隔 20～25 米设人工防风林网。防风林网可沿小区间设的作业通道、排灌系统的设施管道、暗渠而设。

2. 低丘和浅山小区设计 低丘和浅山建园，以向阳坡向为好，即选东南西坡向。而雨量较少的地方则选阴坡为佳。一般采用梯田式，沿等高线设行，行长度随地形、道路和防风林距离而定，小区宽度一般则为梯田的宽度。

3. 陡山地建园 仍以向阳坡向建园为好。因为山坡太陡，不能建成梯田，可采用分段，或梯田，或鱼鳞坑栽植。灌溉系统最好采用滴灌法，在山顶修蓄水池，将水提上去蓄存，灌时就势而下，有效且省水。鱼鳞坑间距3～5米，坑的外缘高，靠山处低，有利于水土保持。用石块加水泥砌坑缘，经久耐用。但是在雨水较多的南方，鱼鳞坑一定要留出水口，以防下大雨时积水，造成根系受淹，诱发根腐病。

(三)整　地

整地分彻底性整地(也称为全园性整地)和分年度整地。其中全园性整地多用在水稻田改造上，分年度整地多用在旱地整地。资金充足时均可采用全园性整地。从总体投资的效益比率来看，全园性整地的投资效益高于分年度整地，而且好操作。二者均可机械操作，而且机械操作比人工挖掘的费用要经济一些。调查可知，目前全园性改土整地，在中西部地区需要1 000～1 200元/667米^2，而人工改土需要1 200～1 500元/667米^2。

1. 全园性机械整地改土 有2种方式，其一为抽土式，北方无涝灾的地方采用；其二为松土式，南方多雨或雨季集中的地区采用。下面以常用的4米行距为例，分别进行技术描述如下。

(1)抽土式

①放线：沿比降合适的方向放线，线间距1米。

②开挖：将表层土挖出40厘米深堆放到靠园地整地最终的一边的地两头。

③施肥和回填：按每 667 平方米施入农家肥和各类粉碎草秸 4 000～5 000 千克，北方中性至微碱性土壤施过磷酸钙 300～500 千克，撒于沟槽内，继续挖 40 厘米深的生土层，和生土拌混均匀，填入槽内下层 40～50 厘米深，如果草秸未进行粉碎，则需要边开挖，边混拌，边回填，否则草秸难以拌匀填入生土层。

④回填熟土：再将另 1 米线内的熟土开挖 40 厘米铺在上面，形成一条略高出地面 10～15 厘米的松土畦。

⑤重复第三条进行生土层开挖、施肥、拌匀和回填。

⑥重复第四条进行熟土层覆盖。

⑦重复第三条进行开挖、施肥、拌匀和回填。

⑧重复第四条进行熟土层覆盖。苗木就定植在此条线上的熟土层里，不容易出现初定植因施肥不当而造成死苗率高的现象。

此后依此类推，直至进行到全园最后一道作业线时，将地头的熟土填平缺口沟即可。

(2)松土式

①放线：南方沿园地水流方向放线，北方沿等高线方向放线。行距为 4 米时，线距宽 2 米；行距 3 米时，线距 1.5 米。

②翻挖：从园地一端开始，将第一道 2 米宽土壤挖松 40～50 厘米放在原处，再将第二道 2 米宽厢土壤挖起 40～50 厘米堆放在第一道松土上，形成 1 个 2 米宽的槽，槽深约 80 厘米。

③施肥和回填：按每 667 平方米施入农家肥和各类草秸 4 000～5 000 千克，北方中性至微碱性土壤施过磷酸钙 300～500 千克，南方酸性土壤施钙镁磷肥 500 千克，主要拌生土混匀施入槽内下层 40～50 厘米深，再将熟土放在最上面，形成 1 条高出地面 30～40 厘米的宽畦。苗木就定植在此宽畦上的熟土层里，不容易出现初定植因施肥不当而造成死苗率高的现象。

④开挖整理排水沟：在两个定植高畦中间开挖整理出 1 条宽约 50 厘米，中间深 50 厘米，地势低的一头地边 70 厘米的缓慢下

降的排水沟，以防下大雨时果园积水。整理沟时将熟土放在定植高畦的中央位置，生土放在定植高畦边。最后整理成瓦背形，定植高畦中央高出两边 15～30 厘米。

以此类推，进行全园整地改土和整理排水沟。

2. 分年度进行整地改土 此法也称为开槽法。以 4 米行距为例介绍如下。

(1)放线 沿水流方向，距地埂 1.5 米放第一道线，再间隔 1 米放第二道线，再隔 3 米放第三道线，此后重复 1 米、3 米间距划线。

(2)提取熟土 开挖两线之间的熟土放置在沟槽一边。

(3)挖松生土、施肥和回填 继续挖 40 厘米深的生土层，按每 667 平方米施入农家肥和各类草秸 4 000～5 000 千克，北方中性至微碱性土壤施过磷酸钙 300～500 千克，和生土拌混均匀，施入槽内下层 40～50 厘米深。

(4)回填熟土 将翻挖的熟土回铺在上面，形成一条略高出地面 10～15 厘米的松土畦。苗木就定植在此畦上的熟土层里。

其后，同法处理每个 1 米宽的窄线距间，分别形成不同的定植行。

3. 人工整地改土 仍然以行距 4 米为例叙述如下。

(1)放线 按照合适的比降，沿水流方向，以行距 4 米放线，线距宽分成 2.5 米与 1.5 米的宽、窄线距，其中 2.5 米的为定植高畦，1.5 米的为排水沟窄畦。

(2)起熟土 将 2.5 米宽畦上约 30 厘米深的耕作层熟土挖起放在 1.5 米宽的窄畦面上。

(3)施肥 在 2.5 米宽的宽畦上，按每 667 平方米撒施农家肥和各类稿秆 4 000～5 000 千克，过磷酸钙 300～500 千克，酸性土施钙镁磷肥 500 千克。

(4)翻挖 在施肥后的宽畦上进行深翻，用两铣套翻法，可以使翻土深度达到40～50厘米,深翻时将肥料、草秸等与生土拌匀。

(5)回填　回填放在1.5米畦上的熟土至宽厢表层,用于定植苗木。

(6)整理排水沟　在1.5米窄畦中央按40～50厘米宽放线挖沟,在园地的地势高的一端沟深50厘米,在园地的地势低的一端沟深70厘米,加大比降,以利于排水。挖排水沟时将表层熟土放在定植高畦中央,生土放在宽畦边,最后将宽畦整成瓦背形,中央高出两边15厘米左右。

4. 抽槽式整地改土　此方法进行改土,用机械和人工均可。以4米行距为例,方法如下。

(1)放线　按比降,沿水流方向,第一道线按照2米,其后每4米放1道线。

(2)抽槽　以所放的线为中心,向两边各扩0.5米,将上面30～40厘米厚的熟土放在一边,行成1个槽。

(3)施肥　按照每667平方米,在槽内施各类草秸与农家肥4 000～5 000千克,过磷酸钙300～500千克,酸性土施钙镁磷肥500千克撒匀,翻挖搅拌均匀,深度40～50厘米,总松土层深度要求为80厘米。

(4)回填　将抽槽挖起的熟土全部回填到槽内。

(5)开挖整理排水沟　在未翻挖3米的宽畦正中,按40厘米宽放两条线开挖整理排水沟。排水沟的规格为40厘米宽,在园地的地势高的一端沟深50厘米,在园地的地势低的一端沟深70厘米。挖排水沟时将表层熟土放在定植高畦中央,生土放在宽畦边,最后将宽畦整成瓦背形,中央高出两边15厘米左右,两边又高出地面15厘米左右。

(四)品种选择与授粉品种搭配

1. 品种选择　绿色果肉品种选择海沃德、金魁、哑特、秦美等，黄肉品种选择华优、金艳、中猕六号、西选二号、金农、金阳、金桃、新园16A等，红肉品种选择红阳、红源、楚红、红美、红华等，小型猕猴桃选择魁绿、丰绿、天源红等，毛花猕猴桃选择华特。四川和湘西一带低海拔地区，种植红阳、金艳等；陕西秦岭北麓至河南南部一带，种植海沃德、哑特、华优等品种；湖北省及其以东、以南，可以发展金魁、金阳、金丰等品种。目前黄色和红色果肉品种的售价相对较高，可以多发展一些。

2. 授粉品种的搭配 目前推广的猕猴桃栽培品种均为雌、雄异株。因此，建园时必须同时选择与其相配的雄性品种。选择搭配的原则为：雄性品种的花期范围与雌性品种相同或稍宽，且雄性品种花量大，花粉量大，花粉萌芽率高，两者亲和性好，授粉后能受精、结籽。自然授粉的雌、雄株配置比例为雄：雌＝1：(5～8)。定植方式见图4-2。也可在每株雌株上嫁接1小枝蔓雄株枝蔓，授粉效果更佳，并节约土地。

人工授粉技术，将雄株集中栽培在一起，统一管理，更好地控制花期，集中采粉，进行人工或机械授粉。另外，在防风林的乔木中间加植雄株，让雄株攀乔木而上，增加授粉的距离，节约部分土地。果园周围存在花期相同的树种，会影响自然授粉效果，尽量避免之。

(五)架式选择

标准化猕猴桃栽培架式选择为大棚架和“T”形架。架材常用水泥混凝土、木材、钢材(角铁、钢管)等。可因地取材，因资金选材。其中钢材、水泥混凝土结实耐用，但投资高；木材投资低，但不经久，并需要在用前进行防潮和防腐处理。架与架之间常用8～10号塑包钢丝或锌包钢丝架起大棚架面。其常用尺寸和式样如下。

1. 大棚架 大棚架的结构见图4-3。柱长2.6～2.8米，直径12～15厘米，入土0.7～0.9米，夯实。小区四周设结实的框梁，

♀ ♀ ♀ ♀ ♀ ♀
♀ ♂ ♀ ♀ ♀ ♀
♀ ♀ ♀ ♀ ♂ ♀
♀ ♂ ♀ ♀ ♀ ♀
♀ ♀ ♀ ♀ ♂ ♀
♀ ♀ ♀ ♀ ♀ ♀

♀∶♂＝8∶1

♂ ♀ ♀ ♀ ♀ ♀ ♀ ♀
♀ ♀ ♀ ♂ ♀ ♀ ♀ ♀
♀ ♀ ♀ ♀ ♀ ♀ ♂ ♀
♂ ♀ ♀ ♀ ♀ ♀ ♀ ♀
♀ ♀ ♀ ♂ ♀ ♀ ♀ ♀
♀ ♀ ♀ ♀ ♀ ♀ ♀ ♂

♀∶♂＝7∶1

♀ ♂ ♀ ♀ ♀ ♀ ♀
♀ ♀ ♀ ♂ ♀ ♀ ♀
♀ ♀ ♀ ♀ ♀ ♂ ♀
♀ ♂ ♀ ♀ ♀ ♀ ♀
♀ ♀ ♀ ♂ ♀ ♀ ♀
♀ ♀ ♀ ♀ ♀ ♂ ♀

♀∶♂＝6∶1

♂ ♀ ♀ ♀ ♀
♀ ♀ ♂ ♀ ♀
♀ ♀ ♀ ♀ ♂
♀ ♀ ♀ ♀ ♀
♂ ♀ ♀ ♀ ♀
♀ ♀ ♂ ♀ ♀

♀∶♂＝5∶1

注：♀为雌株，♂为雄株

图 4-2　各种雌、雄搭配比例下的主栽品种和授粉品种栽植示意图

图 4-3　大棚架

木质框梁粗度为 10 厘米×5 厘米；角铁框梁规格为 13.2～16.5 厘米；钢管框梁直径 9.9～13.2 厘米，长度依园地宽而定。

框梁下面每 3～6 米设一支柱。框梁上间隔 0.6～1 米架设网格状架面钢丝，以 8～10 号塑包钢丝或锌包钢丝为宜。整体架高1.8～1.9 米。大棚架两端的固定必须十分牢固。大棚架适用于平地和缓坡地建园，其稳固性好，维持时间长，叶幕层布满架面后夏天架下作业阴凉，杂草少，行株间穿行方便，且大棚架所生产的果实，一致性好，商品性强。

2.“T”形架 “T”形架是一根支柱，在其近顶端，加一横梁，整体架形像英文字母“T”，故而得名。标准“T”形架见图 4-4。支柱用水泥柱、大号角铁和圆木都可以。标准“T”形架的柱长约为 2.6 米，入土 0.6～0.7 米，直径 12～15 厘米(圆木)或 14～15 厘米(水泥柱)。行两端架柱，其长度和粗度均应大些，有利于整体坚固性。横梁多用 3 寸角铁、半圆木或方木，长 1.5～1.8 米，半圆木或方木宽 10 厘米，厚 5 厘米。横梁与支柱的连接不能设在支柱顶端，影响牢固性。横梁上架设 5～7 根塑包钢丝或锌包钢丝，多用 10 号，一般支柱顶端 1 根，横梁的两侧各 2～3 根。注意架设塑包钢丝或锌包钢丝要松紧适度。架间距为 4.5～6 米。

图 4-4 标准“T”形架

“T”形架多为陡坡地等高线栽植方式的架式选择。该架型建架容易，架材投资较少，作业方便，通风透光好，病虫害少，蜜蜂传粉容易，其缺点为下垂枝所结果实的大小、含糖量、可溶性固形物含量、着色、后熟的一致性较差。

3. 架材固定 架式选好、单个柱材和牵引丝备好后，即可开工建立架。一般先打点，再埋立柱，立柱一定要立得直，行要对得正，形成横、纵、左斜、右斜均成行才行。倘若基础不好，横竖不成行，则无法搭建牵引丝。勉强牵引成功，则会因架面受力不均的原因，影响进入盛果期后的果园负载量。行两端和园地四周支架的牵引加固装置对整行，对整个果园架面的稳固性起很大作用。常用的固定方式为斜栽边柱和牵引加埋地锚。斜柱一般长 4～4.5 米，斜牵丝可以用钢缆。

4. 投资概算 猕猴桃比较容易结果，一般栽后 2～3 年开始挂果，4～5 年进入丰产期，每 667 平方米产 1 500～2 500 千克，管理特别好的果园每 667 平方米产量可达 3 000～4 000 千克，以离园价每千克 1.4～2 元计算，每 667 平方米收入为 1 500～5 000 元。比其他木本果树增加了建园架材投资，常用的水泥柱、塑包钢丝或锌包钢丝等架材，每 667 平方米地需投资 1 000～1 500 元。因此，投资回收比不用架材的果园要晚 1～2 年。但是，最近 3 年内，由于国际果品销售商的进入，猕猴桃的价格一直在攀升，以红肉和黄肉品种上升最为明显，离园价 8～12 元/千克，四川邛崃一个带有喷灌设施的高标准红阳果园，每 667 平方米投资金额超过 1 万元，在第四年就回收了全部投资。

三、猕猴桃栽植与定植后管理

(一)定　植

标准化猕猴桃园目前主要采用的行株距为(3～4)米×2米。因为建架时已经定好行,定植时只需在行内定株距打点即可。按照2米株距打点,挖坑。坑深30～40厘米,直径30～40厘米,挖好后,坑中间填圆锥形土堆,土堆顶端低于地面8～10厘米,苗木植入后,让根系沿锥形土堆斜面散开,自然向斜下方生长,苗木栽植深度以根茎部刚好平齐地面为宜。最好稍修剪一下苗根再放入,新伤口有利于发新根。回填0.2～0.3米深时,即苗根埋土1/3～2/3时,稍往上轻提并抖擞苗干,向上提苗2～3次使根舒展,不要踩踏,继续填土至满,让土壤灌及根系的所有空间,坑填满之后要浇1次“塌地水”,使根系和土壤密切接触,水下渗后再填土覆盖,防止土壤过快失水和干裂。最终填土至高出地面0.1米左右,以防虚土塌实时形成坑。定植时期以秋季落叶后到翌年春发芽前1个月均可,但以秋季落叶后到上冻前这一段时期最好,有利于根系的早期发育。目前由于营养钵育苗体系的推广,苗木定植的时期已经遍布整个生长期和休眠期。

(二)定植后管理

低干苗定植后从嫁接口以上30～40厘米处剪断,高干苗从距离架面牵引丝下10厘米处剪断,即定干。定干后一定要立竹竿绑缚苗干直立向上生长,切不要打扭生长,以免影响树体以后的生长势。栽后管理主要为灌水、排水、遮荫、施肥和锄草,偶尔有必要防治一下病虫害。其中前三者至关重要,关系到建园的成败。灌水和排水,保持土壤相对湿度在70%～80%,保持土壤湿润,遮荫是猕猴桃幼苗和幼树必须进行的一项工作，遮荫可防止幼叶晒伤，缩短缓苗期，促进树体提早抽梢，早成形。幼苗和栽后当年的幼树早期要求遮荫度为70%～75%，后期降到50%。国外采用蓝绿及黑色尼龙遮阳网套住幼树，既遮荫，又可防止动物危害。实在达不到搭建遮阳网条件的，可以对幼树的遮荫采用在东、南、西3个方向上种几株高秆作物，如玉米、高粱、向日葵等，也可在架面上挂些草，达到降低风害和遮荫的目的。施肥，见土肥水管理一章。锄草，以不发生草荒为度，不要喷除草剂。

思考题

1. 建园有哪些注意事项？
2. 不同架型的构建方式是什么？
3. 如何定植？
4. 定植后管理应注意什么？

第五章　土、肥、水管理技术

一、土壤管理

猕猴桃果园对土壤要求比较严格，最适宜的土壤为黑色草甸土。一般栽培区均需要进行深翻改土。

（一）标准化深翻改土

标准化的深翻改土，在前面第四章第二节中已经介绍过了，在此对于定植前仅仅进行了抽槽式整地改土的模式，需要逐年进行进一步的抽槽式改土。定植后翌年春季前，最好是定植当年深秋或初冬进行第一次扩槽。还以 4 米行距为例，方法如下。

1. 放线　按定植前所开槽的边缘向两边各 1.3 米，放一道线；其实不用放线，因为此线正好是排水沟的边缘。

2. 抽槽　以所放的线向树行中心方向，各扩 1 米，正好接上定植槽的边缘。将上面 30～40 厘米厚的熟土放在树行所在的 1 米处，各行成一个槽。

3. 施肥　在槽内按照每 667 平方米施各类草秸与农家肥 4 000～5 000 千克，过磷酸钙 300～500 千克，酸性土施钙镁磷肥 500 千克撒匀，翻挖搅拌均匀，深度为 40～50 厘米，总松土层深度要求为 80 厘米。

4. 回填　将抽槽挖起的熟土全部回填到槽内。

5. 整理排水沟　经过 1 年或接近 1 年的塌陷和冲刷，排水沟一定有所变形，按排水沟的规格 40 厘米宽，在园地的地势高的一端沟深 50 厘米，在园地的地势低的一端沟深 70 厘米，将整理沟时取出的表层熟土放在定植高畦上，生土放在宽畦边，最后还将宽畦整成瓦背形，中央高出两边15厘米左右，两边又高出地面15厘米左右。也可以将两边的各1.3米分2年完成，翌年春季前完成60～70厘米宽，翌年年底或第三年年初前完成60～70厘米宽。

（二）中耕除草

标准化果园的地面管理，主要为生草、覆盖与间作，中耕除草目前已经很少应用。但是在间作的情况下，有必要对间作物进行中耕除草。

（三）生草栽培

生草即在果园地表种草。其对于提高土壤有机质含量和土壤肥力，保护环境，减少风沙和水土流失，净化水质，改善果园温度、湿度、光辐射强度和质量等微环境条件都有好处，同时节约劳动力。生草加割草覆盖树盘、树畦，效果更好。

果园生草要选择浅根系、低秆的禾本科、豆科植物或绿肥最好。如三叶草、毛叶苕子、扁豆、禾本科燕麦草等，也可混播。注意草生长旺盛季节增施化肥，防止草与树体争肥，当草长至20～30厘米高时要及时刈割，并拔除行间的高秆草类。种植任何草种，都要保持树体的根颈部周围清耕，即留有小树盘，以利于树体根颈部的透气性，防止根颈部微生物环境的复杂化。

（四）园地覆盖

1. 果园覆草　果园覆草能将地表的水、肥、气、热、生物环境等的不稳定状态变成相对稳定的状态，对地表局部和果园微气候环境有较大的改善作用。能最大程度地减少水土流失，减少地面水分蒸发，保持土壤和果园湿度的相对稳定，提高冬季地温，降低夏季地温，有利于土壤微生物活动，抑制杂草生长。所覆草的腐烂分解，能提高土壤有机质含量，增加土壤养分，有利于土壤的熟化，团粒结构的形成、疏松度和透气性能的提高，保护根系分布层，增加根系的固地性。在底部为黏重土和土层较浅的果园更为实用。

①覆草方法：一般是在4～5月份，利用割草机，将草切成5～10厘米段，均匀撒到树冠下，或用粉碎机粉碎效果最好。在根茎部位留出20厘米空白区，预防根颈部病害的发生。覆草厚度15～20厘米。草腐烂后要及时补充，或草腐烂后翻入土壤，再覆之。如果果园生草量不足，可以从农田引入秸秆类，秸秆覆盖时可以直接覆盖，也可以铡成段。覆草厚度以15～20厘米为宜。覆草后，其上少量稀疏的压土，防止风吹草飞。

②覆草的禁忌：覆草果园要注意加强防治地下鼠害，冬季注意防火，雨季及时开水路，以利于排水。低洼地雨季不要覆草，防止引起涝害。覆草和生草栽培一样，注意防治病虫害，以免草层变成滋病养虫的场所。

2. 地膜覆盖　地膜覆盖能有效地改善土壤的水、肥、气、热状况。覆盖地膜后，由于减少了土壤水分的蒸发，能够起到蓄水保墒的作用，减少了灌水次数。深色膜还能抑制杂草生长。

①覆膜方法：一般从秋季开始，最晚不能超过土壤上冻，到翌年4～5月初揭膜。全园覆膜时，保留根茎部周围约30平方厘米不覆膜，有间作时，可以只覆盖树体所在的营养生长带。覆膜前应先灌水，中耕松土，整好地。

覆膜结合滴灌效果很好。方法为：顺行做高垄，沿树行拉好滴灌管或滴灌胶带，而后覆盖地膜。覆膜时先将地膜的一边用土压好，再将对应树干的另一边膜横向剪开约1/2，通过树干，将膜拉平展后，用土压住开口和地膜边。地膜边缘埋入土中的宽度不能少于5厘米。

②覆膜注意的问题：进行地膜覆盖时应注意以下几点：一是覆膜地面土要整碎整平，并中耕疏松。特别是黏土地，灌水后，需待

地里水渗下，中耕松土后才能覆盖地膜，否则会因土壤含水量大，盖膜后不易散失，土壤透气性差，引起根系腐烂。二是为了保证根系的正常呼吸和地膜下二氧化碳气体的排放，地膜覆盖带不能过宽，一般幼树仅盖60～80厘米宽，大树的最大覆盖面积为70%。三是降雨后注意开口排水。四是4月底至5月初要撤膜或膜上覆土或覆草，防止地面高温。

③地膜的选择：覆膜时还要根据不同的目的，选用不同类型的地膜。无色透明膜能良好的保持土壤水分，透光率高，增温效果最好；黑色地膜较厚，对阳光的透射率在10%以下，反射率为5.5%，因而可致死地膜下的杂草，增温效果不如透明膜，但保温效果好，适合于高海拔、高纬度和草多的地区；银色反光膜具有隔热和较强的反光作用，其反光率达81.5%～91.5%，几乎不透光，可以在夏季使用，有降低一定地温，驱蚜抑草的效果，并能增加树冠内部光照强度，使果实着色好，提高果实品质；光降解膜是在膜料中加入光降解剂，当日照时数积累到一定数值时，地膜自然降解成小碎片或粉末状，不需回收旧膜，其增温、保墒效果与透明膜接近。银灰色与黑色复合膜在冬季可提高地温2℃～4℃，春秋季降低地温2.3℃～3.5℃，还有良好的抑草、驱避有翅蚜和蓟马的作用。此外，还有切口膜、防蚜膜、黑白双面膜、除草膜、绿色膜等，可根据需要结合膜特点进行选择。

（五）合理间作

猕猴桃园的间作比其他种类的果园时间都长，由于树的枝蔓和叶幕层均在架面上，因而地面一直都可以用来种植间作物。一般在定植后1～3年可种植行间喜光性间作物，第四年树冠已基本覆满全园，只宜种植耐阴性间作物。间作物应具备的特点为：植株较矮小，不影响果树的光照；生长期短，根系较浅、短，吸收水分、养分少，大量需肥水时间与果树错开；不影响猕猴桃根系的生长；病虫害较少，与果树没有相同的病虫害或不引起果树的主要病虫害，即不为中间寄主。

具有固氮作用的矮秆浅根豆科作物，为首选间作物。其他常见的猕猴桃园间作物种类早期有矮秆蔬菜如西瓜、甜瓜、菠菜、萝卜等叶菜和根菜类；叶幕层达到全园覆盖后，可间作蘑菇如草菇、平菇、金针菇等，矮秆豆科植物如花生、大豆、绿豆、豇豆等，药材如地黄、红花、党参、白芍、甘草、沙参、丹参，牧草如毛叶苕子、多变小冠花、三叶草等。注意使间作物的花期与猕猴桃的花期错开，如果相遇，可提前刈割覆盖树盘。果园间作还可以与养殖业相结合，常见的有养鸡、养鸭、养鹅等，形成生态栽培、立体栽培等模式。

二、施　肥

新西兰报道，10 年生美味猕猴桃品种每株每年因修剪和采果所损失的主要营养有：氮 196.2 克、磷 24.49 克、钙 100.1 克、镁 25.45 克、钾 253.1 克。远高于苹果、梨、葡萄等其他果树。简单地说，仅弥补修剪采果损失，每年每公顷需施氮 78 千克、磷 9.8 千克、钙 41 千克、镁 10.4 千克、钾 98 千克。猕猴桃对铁的需求量也高于其他果树，要求土壤有效铁的临界值为 11.9 毫克/千克，而苹果、梨分别为 9.8 毫克/千克和 6.3 毫克/千克。铁在土壤 pH 值高于 7.5 的情况下，有效值很低，故偏碱性土壤栽培猕猴桃，更要注重施铁肥。

猕猴桃园的标准化施肥应该建立在最佳猕猴桃生长结果园的土壤和树体全营养分析的基础上，最科学、最准确、最有效地施肥标准应该是对比最佳生长结果状态果园的土壤和树体全营养分析，制定出所要施肥园区的实际土壤、树体分析值的补差施肥种类和施肥量。但是目前我国还没有建立一个这样的实验室，来专门服务于猕猴桃果园经营者和果农，从事施肥补差方案设计。在此，仅将所收集到的新西兰、智利、意大利和我国的最佳生态猕猴桃园的土壤分析和树体叶片营养分析资料提供给大家，以供自测果园营养制订施肥方案时参考，见表 5-1 和表 5-2。

表 5-1 土壤营养检测值

营养成分	国外土壤	盛果期树体单株参考施肥量(克)	每公顷参考施肥量(千克)
pH 值	5.5～6.5	5.8～6.5	—
总氮(克/千克)	3～6	196.2	78
磷(克/千克)	1.29	24.49	98
五氧化二磷 (克/千克)	1.2	—	99
速效钾(克/千克)	0.6～1.2	—	—
钾(克/千克)	—	253.1	98
钙(克/千克)	6～12	100.1	41
氧化钙(克/千克)	8.6	—	—
氧化镁(克/千克)	7.5	—	—
镁(克/千克)	10～30	25.45	10.4
三氧化二铁(克/千克)	41.9	—	—
土壤有效铁(克/千克)	11.9	—	—
钠(克/千克)	0～4	—	—
基本饱和度(%)	60～85	—	—
有机质(%)	70～170	—	—

表 5-2 法国、新西兰和我国猕猴桃叶片矿质元素含量分析及其认定的最佳含量范围

元 素	我 国	法 国	新西兰	
分析值	最佳含量范围			
大量元素(%)	7月份	7月份	1月份*	展叶后4周
氮(N)	2.00～2.80	3.12	2.20～2.80	3.50～3.90
磷(P)	0.18～0.22	0.20	1.80～2.50	0.60～0.70
钾(K)	2.00～2.80	2.76	1.80～2.50	2.65～2.75
钙(Ca)	3.00～3.50	2.30	3.00～3.50	1.35～1.45
镁(Mg)	0.38	0.70	0.30～0.40	0.30～0.35
硫(S)	0.25～0.45	—	0.25～0.45	0.50～0.55
钠(Na)	<0.05	—	0.01～0.05	—
氯(Cl)	0.80～1.00	—	1.00～3.00	—
微量元素	毫克/千克			
锰(Mn)	50～150	40	50～100	85～95
铁(Fe)	80～200	169	80～200	115～150
锌(Zn)	15～28	29	15～20	55～70
铜(Cu)	10	20	10～15	20～30
硼(B)	50	71	40～50	18～30
钼(Mo)	0.04～0.20	—	—	—

注：* 新西兰(南半球)的1月份，相当于我国(北半球)的7月份

除了分析检测以外，利用实地观察树体表现性状，即缺素症或中毒症，来确定是否需要在常规施肥后，补施单元素肥料。

下面根据各个产区的实践经验总结，对标准化施肥作以参考性介绍。

(一)肥料种类选择

标准化肥料首选为有机肥料,其次才是速效性化学肥料,再辅以微量元素肥料,即可以达到全营养供给。

1. 有机肥 包括人畜粪尿类、饼肥类、草秸类、草炭和腐殖酸、绿肥和微生物肥料。

2. 无机肥 也称化学肥料或矿质肥料,包括氮素化学肥料:碳酸氢铵、硫酸铵、氯化铵、硝酸铵、尿素等;磷素化学肥料:过磷酸钙、钙镁磷肥、磷矿粉肥等;钾素化学肥料:硫酸钾、氯化钾、窑灰钾肥和草木灰;复合肥料:磷酸铵、磷酸二氢钾、硝酸钾、硝磷钾肥、铵磷钾肥;微量元素肥料:硼砂、硼酸、硫酸锰、钼酸铵、硫酸锌、硫酸铜、硫酸亚铁、腐殖酸类叶面肥和全营养叶面肥等。

(二)施肥量确定

由于猕猴桃园的树龄不同,密度不同,土壤肥力也有差异,施肥量也不一样。猕猴桃的理论施肥量可用下列公式计算:理论施肥量= 猕猴桃植株的需肥量/肥料利用率。猕猴桃植株的需肥量是指1个年周期,植株新生器官所含营养元素的总和。在我国目前猕猴桃的施肥量还没有成熟经验,在国外已有这方面成熟的经验,如新西兰人弗来兹(Fletcher,1971)主张成年树每公顷施肥量如下:氮150～200千克,磷40～60千克,钾80～100千克;法国拉鲁(Larue,1975)认为单株施肥量如下:第一年氮60克做2次施。第二年至第七年氮80克做3次施用,磷(P_2O_5)30克,钾(K_2O)50克。7年以上的猕猴桃单株,施氮500克,磷(P_2O_5)150克,钾(K_2O)260克和镁(MgO)75克。新西兰猕猴桃果园每公顷的标准施肥量是:氮168～224千克,磷(P_2O_5)45～56千克,钾(K_2O)78～90千克。日本安艺津试验结果是,每公顷氮200千克,磷(P_2O_5)160千克,钾(K_2O)200千克。经数年观察,三要素施用量在如下比例氮：磷：钾＝10：8：10或10：6：8时还没有看出任何异常情况，在河南省西峡猕猴桃园施肥比例基本上与上述比例相同。

上述公式中所指的土壤天然供给量是指土壤所能供给猕猴桃植株的肥量，可用测土分析及肥力试验得此数据。关于肥料利用率，是指不同的肥料减去随水流失、挥发或被土壤固定的数值与施肥总量的比值。习惯上一般都把氮的利用率估算为50%，磷为30%，钾为40%。各地猕猴桃果农在生产实践中，也积累了一些经验，如河南省西峡幼龄园的施肥比例为氮：磷：钾＝2：1：1；成龄园则为2：1：2或1：0.8：1。饼肥的施用量一般每667平方米75～150千克，沟施或穴施均可。

（三）施肥时期（基肥、追肥、叶面肥）

基肥一般都用农家肥，具有一定的迟效性，其施用时期为采果后到落叶前最好，最迟不要过春节，以免造成根际伤流。

猕猴桃的追肥时期通常如下。

1. 花前追肥　猕猴桃植株萌芽和抽梢时消耗大量的贮藏营养，花前需追施速效肥料，尤其在花量大、树体偏弱时。

2. 花后追肥　在落花后坐果期追肥，可以促进果实的发育和新梢的生长，扩大叶面积，提高光合效能。如花前已追施足量的速效化肥，花后可不再追肥。

3. 果实膨大期和花芽分化期　此时新梢已停止生长，花芽开始分化，果实迅速膨大，此次追肥以促进光合作用和果实膨大。

4. 果实生长后期追肥　此时追肥可以提高光合效能，对果实增重和增加树体营养积累有重要作用。

综上所述，因各地的猕猴桃园的具体情况不同，生长期可追肥2～4次，在果实发育过程中，还可以酌情进行2～4次叶面喷肥。

叶面施肥实际上就是叶面（含枝蔓）喷肥。叶面喷肥用量少，肥效快。不受营养分配中心的影响,可及时地对猕猴桃补充营养元素,也可避免土壤对营养元素的固定。但是,叶面施肥毕竟肥量小,元素不全面,不能代替土壤施肥,只能是土壤施肥的配合和补充,如植株出现缺素症状,可选用此法。

(四)施肥方法

施基肥若用有机肥可选用环状施肥法或放射状施肥法。环状施肥是在树冠外围垂直的地面上,挖一环状施肥沟,深、宽各20～40厘米。施肥后覆土,翌年再施肥时可在上年施肥沟外侧再挖沟施肥,以逐年扩大施肥范围。放射状施肥是在距猕猴桃树一定距离处,以树干为中心,向外围挖4～8条放射状直沟,深、宽各20～40厘米,施肥后盖土。上述两种施肥法均应让基肥与土掺匀,避免形成“粪层”出现“烧根”现象。施后可视土壤墒情浇足水。

三、水分管理

水分标准化管理就是将果园和树体的含水量控制在最适量。猕猴桃的根系属于肉质根,对土壤水分的要求比较敏感,对水分的要求是:喜湿润、怕干旱和怕水涝。

(一)需水规律、灌水时期与灌水量确定

1. 猕猴桃的需水时期　萌芽前、开花前、新梢生长和幼果膨大期、果实迅速生长和混合芽形成期、夏季高温期、秋季少雨期、落叶期、休眠期。几乎是每个物候期中没有下雨的情况下均需要灌水。

2. 猕猴桃的灌水量　猕猴桃园要求最适宜的土壤相对持水量为70%～80%,低于60%时,必须灌水,否则植株可能会发生萎蔫。不同土质的持水量各不相同,表5-3可作为测定土壤含水量的数据参考。

表 5-3　不同土壤的相对持水量　（%）

土壤种类	最大持水量	60%～80%相对持水量
细沙土	28.8	17.3～23.0
沙壤土	36.7	22.0～29.4
壤　土	52.3	31.4～41.8

(二)灌水方式

1. 沟灌　在猕猴桃行间或猕猴桃栽植行(高畦栽培)进行自流灌溉。此法便于机械操作,又因沟壁渗水,土壤湿润均匀。输水道可采用塑料管道。

2. 喷灌　有固定(自压)和移动喷灌(喷灌机)2 种。不论哪种喷灌都是通过喷头将水喷到空中,成为水滴降落到地面或植株上。

3. 穴灌　在猕猴桃植株树冠投影的外缘挖直径 30 厘米的穴若干个,灌后用草覆盖穴,以备再次灌水或灌后用土封穴。此法用水经济,土壤浸润较均匀,适于水源不足的园地使用。

4. 滴灌　是以水滴的形式慢慢地浸润猕猴桃植株的根域。滴灌结合施肥,更能不断地供给根系营养。

(三)防渍排水

猕猴桃的肉质根,对土壤水分的多少比较敏感。土壤积水缺氧,园地排水不良,也会造成涝害。为了防止猕猴桃受涝渍危害,在建园前的选址非常重要。猕猴桃要选在不易受涝,排水方便的地方。在我国南方雨水多,如果猕猴桃在平地建园,则果园四周要挖 1 条深和宽各 50～70 厘米深的排水沟,与果园周围大的排水系统贯通,以保证顺利排除积水,或及时用抽水机把积水抽干。

为了防止猕猴桃受渍，一般采用起垄栽培，树种于垄脊。垄沟的深度视地块排水难易和当地雨量而定。排水方便而雨量较少的北方，垄沟深度 25～30 厘米即满足排水要求。在排水不便和雨水多的南方，垄沟深度要增加到 40 厘米以上，在低海拔的平原，良好的排水系统非常重要。

思考题

1. 猕猴桃的需肥规律是什么？
2. 猕猴桃的需水规律是什么？
3. 需水量和需肥量如何确定？

第六章　猕猴桃整形修剪技术

一、整形修剪的原则和措施

整形修剪的原则是尽量简化修剪技术和措施，合理利用好园地有限的光、热、气资源，增加树体营养合成，减少树体营养浪费，并使整形修剪技术易学、易懂、易掌握，而且技术传播中不易变形。其措施有拉枝、绑蔓、抹芽、摘心、剪梢、打顶、疏枝蔓、短截、扭梢、刻伤、环剥、环割、疏果、盖果、套袋等。但是，并不是所有的措施均需派上用场，能够利用尽量少的措施达到整形修剪的目的，就是最佳措施选择组合。

（一）拉枝绑蔓

猕猴桃的枝蔓软，容易牵拉，所以经常利用拉枝绑蔓措施变换枝蔓的位置，达到及时更换保持树体良好生长结果状态的目的。拉枝绑蔓是根据所选用的树形，牵拉均匀摆布骨架枝蔓，并用索条等将其均匀地固定在架面铁丝上。拉枝蔓绑蔓工作一年四季均可进行，但夏季操作时，一定要注意保护叶和果。长期整形修剪不良的果园，需大动干戈进行骨架枝蔓调整时，宜在冬季进行，防止人为造成枝蔓、叶、果损伤。用铁丝拉大枝蔓时，着力点用废胶管、硬纸板、旧布鞋底等物垫衬，以防损伤皮层，造成伤流。

（二）抹　芽

在冬季修剪至生长季之初，及时抹去过多不在所留枝条位置上的芽，可以节约树体营养，防止无用枝蔓生长，集中营养，用于有用枝蔓和叶果的有效生长。一般枝蔓背上芽、疏枝蔓后刺激的隐芽和根颈部隐芽，萌发后容易产生直立生长的徒长枝蔓，内向芽萌发易产生内向枝蔓，有碍于骨架枝蔓生长的过多萌芽以及树干基部萌发的砧木芽，都应在萌芽时及时抹除。注意保留一定数量的更新枝蔓和补空枝蔓。

（三）摘心、剪梢和打顶

实际上三者叫法不同，意义相同，均指新梢在尚未木质化之前，摘除先端的幼嫩部分，常称为摘心。对新梢进行摘心，能暂时抑制其加长生长，促使营养物质流向增粗生长，促进新梢木质化和成熟，促使腋芽萌发，增加枝蔓量和叶量，扩大树冠，减少无效生长；同时，摘心使新梢上嫩叶数减少，功能叶面积增大，有利于养分的积累，可提高腋芽发育质量，促进花枝蔓形成。同理，对初果期和盛果期树适时摘心，还可起到节约营养，提高坐果率和果实品质，提高花芽形成质量。

摘心可分为轻度摘心、中度摘心和重度摘心。其程度不同，产生的效果不同。注意观察，不同栽培品种在不同的生长发育时期，对不同程度摘心的反应，积累经验，以利于该措施的更好运用。摘心措施贯穿猕猴桃树体生长的全过程，可以说除了秋季以外的所有季节。当猕猴桃的新梢开始出现打扭生长时，其生长势就开始进入弱势。因而，在 9 月份以前发现枝蔓梢尖开始旋转生长，就要进行打顶摘心。当新梢生长较长，而留梢较短，摘心部位已半木质化或木质化时，需用剪刀剪短，称剪梢。事实上，上述重摘心常需用剪枝剪进行剪梢。剪梢促发分枝作用比摘心强烈。多在春夏季进行。用棍子或竹竿在新梢长至适宜长度时，从其幼嫩部位敲断的操作，称为打顶。打顶的作用同轻度摘心，常在处理着生部位较高的新梢时应用。多在春夏季进行。

（四）疏 枝 蔓

抹芽工作做得不够细致，树冠上还有多余无用的新梢，需用剪枝剪从基部疏除。即把1年生或多年生枝蔓从基部剪掉的操作称为疏枝蔓。疏枝蔓的作用同抹芽，可改善树冠内通风透光条件，减弱和缓和局部生长势，促进内膛中、短、细弱枝蔓的发育，减少养分的无效消耗，促进花芽形成，平衡枝蔓间的长势。疏枝蔓主要除去树冠内部到外围过多的枝蔓、轮生枝蔓、过密的辅养枝蔓、扰乱树型的枝蔓、无用的徒长枝蔓、细弱枝蔓和病虫枝蔓等。疏枝蔓在浪费树体养分的弊端上比抹芽要大得多。所以，多做抹芽工作，可减少疏枝蔓量。同时，疏除过大的枝蔓会造成过大的伤口，大伤口难以愈合，引起伤流或伤口干裂，削弱树势，甚至导致大枝蔓或主枝蔓死亡，应慎用。疏枝蔓多在冬季修剪时进行。

（五）短截和回缩

短截指根据所需长度，对1年生枝蔓进行剪截；回缩指根据所需长度，对多年生枝蔓进行剪截。两者均用于树冠郁闭，枝蔓分布过密处的空间疏通，或结果后衰老的结果母枝蔓及母枝蔓组的更新。两项措施对于集中树体养分，调节树势，改善树体局部或整体通风透光条件，很有作用。多在冬季修剪时进行。疏枝蔓、短截和回缩所造成的伤口较大，一定要用利刀削平伤口截面，涂上防腐剂，促进伤口愈合。

（六）缓　放

对1年生枝蔓不修剪或仅轻打顶，任其自然生长，称为缓放。缓放有利于缓和树势和局部枝蔓生长势。多结合绑蔓一起进行。其可明显减少枝蔓数量，有利于花芽（花枝）的形成，是幼树期降低树势常用的措施。应用时注意因枝蔓而异。

(七)扭　梢

当新梢半木质化时,用手捏住新梢的中下部扭转 30°～90°,伤及木质和皮层,使其稍有分离但不折断的操作,称为扭梢。扭梢能较大地削弱枝蔓的生长势,使蔓梢短期内停止生长,幼嫩部位和异养叶面积减少,自养叶和功能叶面积增加,局部营养积累,有利于花芽形成,并可促发扭梢部位以内发出新梢,常用于可利用的背上枝蔓和内向枝蔓生长势控制。扭梢时间要把握好,扭梢过早,新梢柔嫩,尚未木质化,易折断。扭梢过晚,新梢已木质化,皮层与木质部易分离,造伤较大,还会引起扭梢部位及蔓梢死亡。

(八)刻　芽

刻芽也叫目伤,春季伤流完毕至夏末,对于有空位,需要枝蔓填补,但附近又没有多余的枝蔓供使用的情况下,可选合适部位芽,在其成龄叶片数量多的一方,距芽 0.5～1 厘米处横刻一刀,宽度为芽宽度的 2 倍,深度为刚好及木质部,称刻伤。刻伤形状有"一"字形和眉状刻伤 2 种,以后者多用。此时刻伤处理,愈合时间长,等翌年初春树体伤流开始时,伤口已经愈合,但新产生的愈伤组织缺乏疏导组织,有短期阻碍养分运输的作用,能使春季回流的营养优先供给刻伤部下方芽,促其萌发生长。

(九)造缢痕、环剥、环割和倒贴皮

这 4 种措施的作用均为临时阻断树体养分运输,使营养在短期内在地上部或局部枝蔓上积累,促使组织成熟,抑制树体营养生长,促进生殖生长,使花芽分化良好,果实生长营养供应增加。为了防止这些措施过重时造成的死树现象,一般多用于 2 年生以上营养生长过旺的枝蔓或枝蔓组。操作部位多在基部。操作时间多根据需要而定。为提高坐果率和果品质量,可在生理落果期前和

采果前1个月进行;为促进花芽形成,可在5月中下旬至6月初进行。造缢痕为用铁丝、弹性塑料膜、绳索等将枝蔓干基部勒紧,3～6周即可形成缢痕,缢痕形成后取掉缢索。此法为4种方法中最安全的一种,在幼树期和局部营养生长过强的控制中常采用。环剥为将枝蔓干基部韧皮部剥去一圈的技术。环剥带的宽度为枝蔓粗的1/10～1/8,但最宽不能超过0.5厘米。环剥方法为:按所需宽度,用两刃环剥刀沿枝蔓基部割一圈,将皮层去掉。旺盛生长季容易去皮,去皮时可用利刀帮助去皮,但不可伤及或弄脏形成层,否则影响伤口愈合。环剥的生理反应较强,一定要慎用。可多用在辅养枝蔓和结果母枝蔓组培养上,而少用在主干、主枝蔓上。另外,对于晚熟品种,以提高果实含糖量为目的时,环剥时间不可过晚,过晚伤口不易愈合,会造成翌年早春伤流,抽干处理枝蔓。干旱地区对环剥伤口进行透明塑料胶带包裹,有利于伤口愈合。环割为用刀在枝蔓干基部割一圈或螺旋数圈,但不除去皮层。其作用比环剥作用轻,但较安全。环割时期、用法同环剥。倒贴皮为将环剥取下的皮倒置于伤口处,其有利于伤口愈合,但效果比环剥轻一些。其余同环剥。

二、适宜的树型和整形

最近几年推行的新型整形方式,其全树的枝蔓只有4个级次,即主干、主蔓、结果母枝蔓和结果枝蔓。其中前2级基本固定,后2级年年更新。

(一)大棚架

定植后牵引苗干单轴上架,注意不要扭曲,至架面下约0.5米处开始摘心,促生2条主枝蔓。主枝蔓上架后按"丫"字形向行呈180°两向相反分布,有条件时"丫"字头上的2个主蔓用绳子牵引,呈现斜 45°向上生长。当株距为 2 米情况下，2 主蔓各生长约 1 米长时，即 1/2 株距时，开始摘心，放平绑缚在中心牵引丝上，从基部分杈处 10 厘米起刻芽，刻芽的密度为同侧相距 35～40 厘米，异侧互生，即在主蔓上每隔 17～20 厘米，呈一左一右，促发分枝，培养结果母枝。

（二）"T"形架

是目前山地生产园中首选树型。苗木定植后，用绳牵引茎干单轴上升，注意不要扭曲，到 1.5 米左右时，进行 1 次重摘心，促发成 2 个分杈。2 个分杈上架后分别沿中心丝向行向的 2 个方向延伸成主枝蔓。主枝蔓可以按照上述大棚架的整形方式来成形，也可以在主枝蔓每伸长 40～50 厘米重摘心 1 次，摘去 15～20 厘米，促发结果母枝蔓。结果母枝蔓则向行间斜向延伸，自然搭缚在外缘的架面丝上。结果枝蔓的分布及其密度同大棚架。

三、不同生长时期的修剪

修剪分为休眠期修剪（冬季修剪）和生长期修剪（主要为夏季修剪），而以生长期修剪为主，休眠期修剪为辅。

（一）休眠期修剪

时间为落叶后到翌年早春伤流开始前 1 个月之间，以冬至前后修剪最好。休眠期修剪主要包括以下几个方面。

1. 骨架枝蔓培养　主要在幼树期和初结果期发育阶段进行。生长季是进行整形修剪的较好时期，冬季修剪中骨架枝蔓培养的工作量不大。一般仅对所采用架式中缺失主枝蔓和结果母枝蔓，利用健壮的发育枝蔓或旁侧布局过密的枝蔓，进行调整或补充。

2. 结果母枝蔓更新　主要在盛果期及其以后的树龄期进行。

猕猴桃枝蔓软，结果后下垂，下垂后衰弱，所以骨架枝蔓和结果母枝蔓的更新，贯穿于整个结果期，特别是“T”形架结果母枝蔓的梢头，容易出现下垂衰弱。猕猴桃潜伏芽的萌发势和生长势很强，其更新修剪比其他果树树种容易进行。具体做法有：一是抬高枝蔓角度，增强生长势；二是去弱留强，使根系吸收的养分集中用于有用枝蔓；三是利用要更新枝蔓基部发出的强旺枝蔓、徒长枝蔓、发育枝蔓替换衰弱、病虫及死枝蔓。

3. 枝蔓修剪保留量标准　枝蔓修剪的保留量标准为留果量。品种丰产性较好、树体进入结果期晚、树势较旺、肥水植保管理水平较高的果园，留果量宜大，反之宜小。通常以留芽量来定留果量。幼树期和初结果期，留芽量尽量大，一般只除去细弱副梢、多余的徒长枝蔓和病虫枝蔓；盛果期后留芽量以结果母枝蔓的修剪长度来确定。一般美味猕猴桃品种结果母枝蔓修剪长度宜留长，中华猕猴桃品种宜留短；长枝蔓结果品种（如金魁）宜留长，中短枝蔓结果品种宜留短；初结果和结果盛期树宜留长，结果后期树宜留短；长中结果母枝蔓宜留长，短结果母枝蔓宜留短。总的来说根据树势和树体大小及树龄，每667平方米产量/每667平方米株数/单果重/结果母枝蔓数×2＝平均每结果母枝的留芽量。

4. 清除病、虫和死枝蔓　猕猴桃病虫问题不太严重，但管理不善果园，树冠下部光照不良处，结果枝蔓的自然更新死亡严重。冬季修剪时要注意清除病虫、死弱枝蔓。

（二）生长期修剪

因相对集中于夏季，又称为夏季修剪，主要是在4～8月份枝蔓旺盛生长期间进行，目的是调节树体生长发育平衡状态，减弱树体营养生长势，减少蔓梢无效生长，改善光照条件，增加叶幕层内通风透光性能，有利于光合产物积累，提高营养物质的利用效率，使树体早成形，早成花，早结果。夏季修剪内容有：一是根据不同树型，运用牵拉、绑蔓、摘心、抹芽等措施，合理布局骨架枝蔓，弱树多留发育枝蔓，增强生长势，强旺树疏剪一部分发育枝蔓，减弱局部生长势；二是运用摘心、抹芽、疏枝蔓等手段控制叶幕层厚度在0.8～1米范围内；三是调节发育枝蔓和结果枝蔓比例，正常结果、生长中庸情况下，二者比例为1∶(2～3)；四是疏蕾、疏花、疏果，此条见花果管理一章，尽早疏除小果、过密果、畸形果和病虫果。有条件时进行果实套袋。

四、不同发育时期的修剪

猕猴桃树体发育一生有4个时期，分别为幼树期、初果期、盛果期和衰老期。其中幼树期为1～4年，初结果期2～3年，盛果期15～35年，衰老期5～10年。前两期时间短，受人为管理因素的影响较小，栽培措施等管理水平的高低，能对其有1～3年的影响力；后两期时间长，受人为管理因素的影响较大，管理水平的高低不仅决定了结果的多少，果实品质的好坏，还决定了树体的寿命。因而必须按不同树龄时期的生长发育习性，采取不同的整形修剪措施。

(一)幼树期整形修剪

幼龄树阶段一般指从定植到开始结果前这一时期。中华猕猴桃品种的这一时期为1～2年，美味猕猴桃品种为1～3年。这个阶段的整形修剪宗旨为培养树体骨架结构，促使幼树尽快按照所选树型，平衡有序的扩大树冠，增加枝蔓和叶量，尽早实现全覆盖叶幕层，为以后的产量快上大上奠定基础。

此期整形修剪的原则为：培育强壮枝蔓作树体骨架，冬剪时多从饱满芽处短截，春夏修剪多从饱满芽处重摘心打顶，使树体多萌生健壮枝蔓，供构建两级骨架枝蔓时选择。枝蔓量不够时，需要刻伤促发枝蔓;多余时,一般疏除,绑缚拉平培养成结果母枝蔓。注意选择主枝蔓时,不要选对生枝蔓。对生枝蔓容易产生卡脖效应,易引起其后枝蔓生长变衰弱。

(二)初果期树的整形修剪

初结果树阶段一般指从开始结果到大量结果前这一时期。中华猕猴桃和美味猕猴桃品种的这一时期均为2～3年。

此阶段的整形修剪宗旨为:继续扩大树冠,补充完善树体骨架建设,运用基部刻芽手段,促发健壮枝蔓,大力培养结果母枝蔓,及时培养备用结果母枝蔓。初果期的后期,树冠已基本形成,但由于结果还较少,树体负荷轻,树势仍偏旺。故应在继续培养结果母枝蔓的同时,修剪时加大花枝蔓的留量,以产量压树势。对骨架枝蔓以外的枝蔓,以缓放为主,促进花芽大量形成,进行较轻的疏花疏果,以果压冠,稳定树势,为尽早进入盛果期和进入盛果期后的高产优质创造条件。

(三)盛果期树的整形修剪

盛果阶段一般指从大量结果到产量开始明显下降的结果阶段,为果园的鼎盛时期。正常管理条件下,中华猕猴桃品种的这一时期为15～25年,美味猕猴桃品种为15～35年。

该阶段的整形修剪宗旨为:维护树体骨架结构,前期促使树势由旺转向中庸,营养生长和生殖生长逐渐趋于平衡,负荷量逐年增加并保持在一定水平,中后期注意控制产量,保持树势健壮,维持较强的持续结果能力,延长其经济寿命。整形修剪的原则为前期多缓放,促进成花,以果控制树势;中期短截、缓放等措施均衡应用,维持树体生长势中庸,结果状态稳定;后期多采用重短截、重摘心等促进营养生长的措施修剪,防止树体过早衰弱。夏季修剪一定要控制叶幕层的厚度,留枝、留果不要互相拥挤。地面上要有适宜的光斑量，比较适宜的光斑量占树体投影的15%～20%。应该一提的是雄株的修剪一般是在花后，其修剪量比较重，刺激萌发更多的新生枝蔓以利于树势的强健和花芽、花药、花粉活性的增强。

(四)衰老期树的整形修剪

猕猴桃树进入衰老期后，树势明显衰弱，花量过多，但是枝蔓的生长势、坐果能力和结好果的能力下降，果实产量和品质下降，如果重产量轻植保和肥水管理，则病虫枝蔓率明显增加。这个时期管理得当，还可以有5～10年的收成，管理不善，则果园的经济效益很快由盈转亏。

此期整形修剪的宗旨为：去弱留强，限制花量，大力更新，全面复壮。修剪的原则为利用猕猴桃潜伏芽寿命长的特点，在冬剪时，分期分批回缩结果母枝蔓基组，促使其基部萌发新枝蔓，培养新的骨架枝蔓和结果母枝蔓，选新培养的强健枝蔓位正势旺者代替病虫、枯死枝蔓。

思 考 题

1. 猕猴桃的主要整形方式有哪些?
2. 猕猴桃不同发育时期的修剪特点是什么?
3. 猕猴桃夏季修剪和冬季修剪的区别是什么?

第七章　猕猴桃花果管理

花果管理有4方面内容，分别为促花促果、保花保果、疏花疏果、果实套袋提高果实品质。促花促果方面前面已经谈及，在此重点介绍后几方面。

一、产量标准和疏花疏果

（一）产量标准

世界猕猴桃结果面积的平均产量为每公顷15吨，即每667平方米1 000千克，世界最佳猕猴桃生态区新西兰火山岩成土母质区的火山灰土壤栽培区的产量为每公顷25～30吨，即每667平方米1 667～2 000千克。其为保证果品品质的限制产量。

以盛果期平均每667平方米1 000千克定产，以4米×2米的行株距为例，每667平方米83株，按照80株计，单株平均即为12.5千克；每株树有8～10个结果母枝蔓，以8个计算，平均每个结果母枝蔓负载量1.56千克；单果重要求在100克左右，应着果15.6个，单果重80克，则为19.5个；每个结果母枝蔓长度1.5～1.9米，平均1.7米，即每8.7～10.8厘米留1个果。

（二）疏花、疏果与优质果生产

猕猴桃果枝蔓中部花序着生的果实，个大质优，蔓梢端次之，枝条基部最差，基部前5节以内的顶花与侧花在低温下分化时容易发生融合，产生扇形畸形果。美味猕猴桃的雌花芽一般为单芽，中华猕猴桃有许多品种为复花芽，即在中心主芽的两侧，还有1个或1对副芽。所以，无论疏蕾、疏花或疏果时，注意保留结果枝蔓的结果部位中部的第五至第七节位（除去盲节的节位）的中心蕾、花或果，即对于同一个花序尽量保留中部果。留果的密度为上述尺度，即在结果母蔓上每隔8.7～10.8厘米留1个果。疏蕾、疏花、疏果要分次进行，不可以图省事一蹴而就，以防倒春寒或花期的不良气候引起意外的坐果率低。

疏果还有一个经验尺度，为叶果比。其在不同品种之间稍有差异。美味猕猴桃系统大叶型品种的叶果比为4∶1以上，而海沃德为（5～6）∶1。中华猕猴桃系统品种多为5∶1以上，新园16A为3.5∶1以上。叶果比大时果实品质好，小时产量高。疏花、疏果的方法仍以人工为主，结合绑蔓、摘心等同时进行。

二、促花促果、保花保果和辅助授粉

猕猴桃的童期一般为4～6年，嫁接苗的幼树期为2～3年，个别植株可在苗圃结果，但无经济意义。促花促果即为了缩短童期或幼树期，措施主要是在生理分化期进行，保花保果措施在花芽形态分化期及其后的果实发育早期进行。

（一）促花促果

措施有3个方面，其一为运用栽培措施，缓和树势，抑制营养生长，提高树体营养积累水平，改变激素平衡，使其向有利于花芽形成方面转化，促进生殖生长。其二为增施磷、钾、硼等肥料，提高树体内氨基酸、蛋白质含量，有利于花芽形成和生产优质果。其三为化学促花促果。其中第二项措施是基础，第一项起辅助或调节作用，第三项化控措施不提倡。现将前2项措施介绍如下。

1. 栽培措施促花促果　一般是在5～6月份花芽生理分化期进行。原理是改善树体结构，增强通风透光性能，改变树体内养分的积累程度和流向，从而促进花芽形成，提早开花结果，提高产量和果实品质。常用措施除了整形修剪中所用的缓和树势措施外，还有其他措施，如 5～8 月份的枝蔓摘心、扭梢、绑蔓降低生长势、环剥、环割、倒贴皮、造缢痕等。总的来说，在枝蔓健壮生长的基础上，于 5～9 月份花芽生理分化期，对其加以控制，促进养分的适量积累，有利于形成花芽，有利于坐果和结好果。

2. 增施有机肥，磷、钾肥、钙、镁、硼、铁、锌、钼、氯等微量元素肥料　花芽形成取决于树体内营养积累和糖类物质向氨基酸、蛋白质、激素及核酸类生命活性物质转化的程度。体内营养总水平越高，转化的生命活性物质越多，越快，越早，越有利于花芽形成和开花坐果。而这些活性物质的形成离不开上述肥料成分。在幼树期，给予充足的全营养肥料，对早成园，早成花，早结果均有利。

(二)保花保果和辅助授粉

措施有 2 方面，其一为预防不适宜的自然因子，其二为人工辅助授粉。

1. 预防不适宜的自然因子　影响花芽形态分化的自然因子主要为温度。其中北方初冬的大幅度快速降温与早春倒春寒，南方冬季低温量不足为常见情况，前 2 种情况引起花芽冻害，后者导致开花不整齐。对于初冬突然降温与早春的倒春寒，可以用喷水加植物防冻剂，或园内熏烟，使园内温度保持在 0℃以上，即可保证花芽不受冻害。

2. 人工辅助授粉　授粉是采集雄花的花粉授在雌花的柱头上。要做好授粉工作，首先需要复习前面的猕猴桃花器构造和开花习性。其操作技术如下。

(1)对花　最简易的方法为对花。即在上午 8～12 时，用 1 朵雄花轻轻对 5～8 朵雌花，雄蕊对雌蕊，随摘随对；为了防止对柱头的损伤，可用 2 朵雄花在雌花柱头上方轻轻摩擦，让花粉自然落在雌花的柱头上。

(2)鸡毛笔点授法　一是采粉，采粉是于上午 6～7 时收集当天开放的雄花花粉，采集雄性花的花药，摊在光滑纸上，阴处晾干，而不要在太阳光下暴晒，大约 2 小时即可散粉，散粉后收集花粉，装入广口瓶。二是人工授粉，在 8～11 时用鸡毛或毛笔轻轻弹撒在雌花柱头上，或用鸡毛做成小毛笔，蘸上花粉，点授到雌花的柱头上。注意动作要轻，不要碰伤柱头，影响授粉效果，引起畸形果。

(3)机械干粉授粉　机械授粉的花粉采集可以用人工，方法同上；也可以机械操作，方法为集中栽植雄株，集中采集雄花，采集好雄花后放入取花粉器中，大约半小时即可得到可用的纯花粉。纯花粉容易黏结成块，不易散开，可以加入准备好的石松子花粉、石墨粉等，使其分散均匀。

花粉采集器的结构：上层为花破碎层，中间层为花粉和花器碎片分离层，下层为花粉收集层。其中花粉的阴干用控温仪控制，以保持花粉的活性。授粉器的结构主要有 4 部分：吸粉腔、贮粉腔、喷粉管和动力部分。当然随着人力资源的价值上升，相信还有更有效的仪器设备适应现代化、标准化果园的应用需求，不断有新产品问世。

(4)机械湿粉授粉　即花粉液体授粉。以上述方法收集的花粉，按花粉：蔗糖：水＝1：10：9 989(重量比)的比例配制成悬浮液，用洗净的喷雾器于 9～11 时喷到当天开放的雌花柱头上即可。还有加组织培养用的不含凝固剂的营养液，效果未作对比。新西兰在所加液体里另加了食用色素，这样，授过粉的地方可以看出来，不至于遗漏或重复授粉。

三、提高果实外观与内质指标的技术

提高果实外观的技术主要为果实套袋，提高内在品质指标的技术主要为增施全营养肥，特别是增施钙肥，有利于提高果实硬度和耐贮性。

(一)果实套袋

近年来，猕猴桃栽培也提倡果实套袋，其对于防止果面污染，降低果实病虫害的感染率，提高果实品质很有益处。猕猴桃由产量型生产体系向质量型生产体系转化，逐步被种植者认识，且套袋果价格高出普通果 20%～30%，刺激果农提高果品质量进行套袋。但套袋技术刚刚应用于生产，尚不完全成熟，有待于在生产上进一步发现问题，进一步完善。在此对其进行较为简单的介绍(图 7-1)。

图 7-1　果实套袋

1. 留果量　根据树体生长状况和果园管理水平，来确定套袋留果量。中等生产水平果园，无论海沃德、秦美、金香等留果量每 667 平方米 20 000～25 000 个，按收购商要求单果重 90～110 克，长蔓结果的多留中间果，每花序上留 1 个果，果形正、果个大，畸形果、病虫果一律疏除，所留果之间距离 8～10 厘米(图 7-2)。

2. 选择猕猴桃专用袋　选择用的套袋纸黄色，透气性好、有弹性、防菌和防渗水。厂家必须是信誉好的正规厂家，有注册商标，做工精细，袋底的两角均有通气流水口。原料为商品性好的水浆纸袋较好。袋的规格规范长度 190 毫米，宽度 140 毫米，适合所有品种猕猴桃。也可由客商直接提供纸袋样品。

图 7-2　疏果后的适宜留果量

3. 套袋前的准备　套袋前除选好果外，还需细微喷药防病虫危害。选用25%金力士7 500倍液+40%好劳力乳油或40%安民乐乳油1 500倍液+柔水通4 000倍液+海力威600倍液杀菌治虫。还可喷施百菌清等杀菌剂；喷施阿维菌素、吡虫啉等杀虫杀螨类的药剂。另外，针对缺素症，可喷施硼、钙、铁、锌等微量元素肥料。喷后几小时后方可套袋。若喷药后12小时内遇上下雨，要及时补喷药剂，露水未干不能套袋。套袋前全园灌1次水，施1次追肥，有利于果实迅速膨大。整理纸袋，将要用的纸袋挑选一遍，不合格袋一律不用，将纸袋放室内回潮，这样用时柔软，不会因纸袋干燥，用时操作困难。

4. 套袋时间　猕猴桃花后40天果实增大最快，套袋时间在6月下旬至7月上旬比较合适。一般可在上午8～12时，下午3～7时，防止太阳暴晒和果面潮湿。

5. 套袋技术　果实选定后，将左手托住纸袋，右手撑开袋口，先鼓起纸袋，打开袋底通气口，袋口向上套入果个，使果实处在纸袋中间。将果柄套到袋口基部，注意袋口封口时，先将封口处搭叠成小口，然后将袋口收拢，折倒，夹住果柄。封口时不宜太紧，不能挤伤果柄。

6. 取袋时间 采果前3～5天去掉纸袋，不能早去掉，早了果实仍会产生污染。也可以带袋采摘，采后处理时取掉果袋。

也有提出套膜袋能显著改变温、湿度条件，袋内温度升高0.7℃～0.9℃，相对湿度增大10.8%～11.8%，果重增加25.7%～37.7%，商品果率提高20.4%～30.1%，病虫危害率降低87.5%～90.2%，贮藏性能好，化学农药使用量减少72.2%，果实中农药残留量仅为0.31毫克/千克，降低90.5%，减轻了化学农药对生态环境及猕猴桃果实的污染，为绿色果品的生产开辟了新途径，具有广阔的应用前景。而套纸袋负效应明显，果色发黄，品质差，不宜推广应用。希望这项技术在广大实践者当中不断总结、更新和完善。

(二)提高果实内在品质

提高果实内在品质指标首先是提高树体的营养水平。在果实生长期间，果实相当于一个贮藏库，而树体，特别是叶片，以及有光合能力的当年生枝蔓，相当于营养制造车间，只有树体健壮，其制造的营养充足，在维持自身需要还有盈余，才能向库内，也就是果实里贮存，果实贮存的营养多了，品质就好。这就是说抓果实品质，就要从提高树体总体营养水平和光合制造养分的能力入手，否则，效果不长久。

植物对营养的需求符合木桶定律，即植物的全营养需求有16种元素，18种氨基酸，蛋白质，4种核酸和多种脂类物质，其中的每一种都是木桶上的一块板条，那么任何一种的低水平，必然导致整体营养的失衡和偏差，也就必然导致整体营养的低水平。所以做好果园营养分析和补差配方施肥，就可以保证和提高果品的内在品质。同时，控制负载量，合理修剪整形，做好土肥水管理和植保管理等措施，为提高果实内在品质奠定良好的基础。

思考题

1. 猕猴桃的花果管理包括哪些方面？
2. 套袋技术应注意哪些事项？
3. 提高果品品质的措施有哪些？

第八章　猕猴桃病虫害防治和自然灾害的防御

目前生产上推广的猕猴桃品种大多数来自于人工野生选种，加之多被有厚毛，故其病虫害为所有果树树种中最轻的。现将其中主要的植物保护工作（病虫害）分别简介如下。

一、病害种类及防治

（一）侵染性病害种类及防治

猕猴桃和其他生物体一样，其侵染性病害主要有 4 类，即细菌病、真菌病、病毒病和线虫病。诸如类菌质体、衣原体和藻类病害等，未见报道。以下对前 4 类分别作以介绍。

1. 细菌病害及其防治

（1）溃疡病　由丁香假单胞杆菌（*Pseudomonas syringae pv. morsprunorum*）引起。

①生活习性和症状：是地上部毁灭性细菌病害，在美国加州、日本静冈、我国湖南东山峰农场、四川、河南和陕西等地均发生过。此病病菌在病枝蔓和病叶上越冬，翌年 3～4 月份，遇数日低温高湿性气候，日平均气温 10℃ 左右时发病。病菌经工具、雨水和害虫传播，通过气孔和伤口入侵。主要危害叶、花蕾和枝蔓。叶部症状初期为 2～3 毫米深褐色有黄晕圈的不规则形斑；花蕾受侵染后变褐枯死；枝蔓发病初期为水渍状，其后变褐腐烂，深及髓部，有清白色、乳白色后转为红褐色分泌物。当年病部以上枝蔓和叶萎蔫死亡，2～3 年后整株死亡。其和冻害发生的相关性极强，气候较

冷的年份发病较重。我国 2007 年发生大面积雪灾，预测 2008 年春季该病从南到北可能出现大发生，应做好防治工作。

②防治措施：一是冬季清除病枝蔓叶，集中烧毁，喷 3～5 波美度石硫合剂。二是发芽前喷 0.3～0.5 波美度石硫合剂，或 1∶1∶100波尔多液 1～2 次。三是发芽后至谢花期，用农用链霉素 2 000 倍液，隔 10～15 天，连喷 2 次。四是主枝蔓上流菌脓时，用上述药剂加大 1 倍浓度涂抹病斑。清除病斑的工作贯穿于整个生长季，特别是春天和初夏，一定要严密监控，及时发现及时清除病部和涂药。

(2)花腐病　病原菌为假单胞杆菌(*Pseudomonas viridiflava*)。

①生活习性和症状：该病菌借雨水、昆虫和病残体传播，通过气孔和伤口入侵，高湿、常温下发病。症状为初期感病花蕾和萼片上呈现褐色凹陷斑，斑块很快发展，当病菌入侵到芽内部时，花瓣变为橘黄色，开放时呈褐色并开始腐烂，花很快脱落。受害不严重的花也能开放，但花药花丝变成褐色或黑色后腐烂。病菌入侵子房后，引起落花落蕾，偶尔能发育成小果的，也多早落。该病菌主要危害花，雌花的危害几率比雄花高。前 1 年发病较重而未得到控制的果园，翌年病情更加严重，除了危害花蕾和花，也危害叶和果，症状为褐色腐烂斑点，逐渐扩大，最终整叶整果腐烂，叶凋萎下垂，果实脱落。

② 防治措施：一是改善花蕾部的通风透光条件。二是采果后至萌芽前喷 1～2 次农用链霉素或石硫合剂(浓度按照说明书要求)800～1 000 倍液，萌芽至花期喷农用链霉素 1 000 倍液。

(3)根癌病　由根癌脓杆菌(*Agrobacterium tumefaciens*)引起。

①生活习性和症状：病菌经伤口入侵，通过土壤和病残体传播。最常见侵染部位为根颈部。发病后的根际症状为根瘤，根瘤

初生为乳白色，表面凹凸不平，呈菜花样，组织较松；后转为褐色至深褐色，组织木质化，坚硬。地上部的症状为营养生长受阻，发育缓慢，植株矮小，枝蔓叶黄化，果实小，品质差，树体容易早衰，寿命短。

②防治措施：一是不重茬育苗和建园，不栽植有病苗。二是发现病株带根彻底销毁，土壤用溴甲烷熏蒸消毒。三是用 90％晶体敌百虫 150 克制成 30 倍液，加麸皮 5 千克诱杀地下害虫。防止害虫伤根后病菌趁虚而入。诱杀时诱饵放在编织袋上，用过后收起集中处理，防止乱丢，造成果园污染。四是药剂灌根，用 0.3～0.5 波美度石硫合剂，或 1∶1∶100 波尔多液，或农用链霉素，每隔7～10 天交替灌根 1 次。单纯根颈部发病，刮净根瘤，用上述链霉素 2 000毫克/升涂抹病斑，并局部换土即可，带菌土要消毒，以防乱丢造成污染。

2. 真菌病害及其防治　真菌病害种类很多，但发生危害的只有几种，其危害严重的下面分别指出。在此对所有已报道的病害全面介绍之，谨为了让大家对这些病害有所认识，有备无患。

(1)根腐病　为根系毁灭性真菌病害。

①症状：病菌在病根和土壤中越冬，翌年遇高温、高湿性气候时发病。病菌经工具、雨、水、害虫传播，通过气孔和伤口入侵，主要危害根。日本、新西兰均有报道。我国湖南、湖北、广东、四川和陕西等省均有发生。由 2 种病原菌引起，一是密环菌（*Armillaria* sp. 与 *A. noval-zelandiae*）和假密环菌（*Armillariella mellea* Fres Karsem），从根颈部发病，初在皮层上出现黄褐色斑块，逐渐变黑，软腐，向下扩展到整个根系变黑腐烂，流出棕褐色汁液，有酒糟味，木质部变为淡黄色。地上部症状为叶片变黄脱落，树体萎蔫死亡。后期病变组织内充满白色菌丝，腐烂根部长出 6～50 个簇生、淡黄色、伞状子实体。根腐病主要在高温、高湿季节发病，由病残体传播，接触传染。二是疫霉菌（*Phytophthora* sp.），详见下面

病(2)。

②防治措施:一是建立排水系统,排除积水,在多雨季节或低洼地起垄高畦栽培。二是栽植无病苗,并用30%DT胶悬剂100倍液浸根及根颈部3小时。三是发现病株带根彻底销毁,土壤用溴甲烷熏蒸消毒。四是用90%晶体敌百虫150克制成30倍液,加麸皮5千克诱杀地下害虫。五是药剂灌根,30%DT胶悬剂100倍液按0.3升/株,或40%多菌灵500倍液按0.5升/株,或50%退菌特800倍液,可起到抑制病菌的作用。

(2)疫霉病 为根腐病的一种。病原菌为疫霉菌,有数个变种(*Pytophthora cactorum*, *P. cinnamoni*, *P. lateralis*, *P. megaspermavar. megasperma* 和 *P. ciricola*)。

①症状:该病菌引起症状有2种,一种是从小根发病,症状皮层水渍状斑,褐色,病斑渐扩大腐烂,有酒糟味,随着小根腐烂,病斑逐渐向根系上部扩展,最后到达根颈。第二种为根颈部先发病,病部有白色霉状物,无子实体,引起腐烂,然后延伸向树干基部。2种方式发病后,地上部症状均为萌芽延迟、叶片变小萎蔫、蔓梢尖死亡,严重者芽不萌发,或萌发后不展叶,最终植株死亡。该病土传,土壤湿度大,或渍水时易发病,以春季至夏初为重。根腐病主要在高温、高湿季节发病,由病残体传播,接触传染。

②防治措施:一是不选择低洼积水和黏土地建园,注意排水,在多雨季节或低洼地起垄高畦栽培。二是不栽病苗,并在施肥时注意防止树根部受伤。三是发病树与周围健树间在3月至5月中下旬用代森锌0.5千克加水200升稀释后浇灌根部2~3次,防止蔓延。四是严重发病树,刨除病树烧毁。根颈部局部小病灶,则刮除腐烂组织,用843原液,或石硫合剂原液,或腐必清50倍液消毒,并换土。末端小根局部发病时,刨出病根,剪除烧毁,同法处理后换土盖根。

(3)立枯病 为苗期主要病害。立枯病的病原菌为半知菌亚门的立枯丝核菌(*Rhizoctonia solani*)。

①症状：该病菌借土壤、病残体传播，通过伤口和气孔入侵。在常温(20℃左右)、高湿、根系渍水，或7～9月份高温干旱，地表温度过高烧伤幼苗根茎部，再进行过量灌水情况下，容易侵染幼苗，危害幼苗根颈部及其以上茎干和叶片。初期从根颈部发病，呈水渍状小斑，淡褐色，半圆形或不规则形，其后小斑扩大，根颈部皮层腐烂一周，地上部叶片萎蔫，病苗根皮层腐烂而易脱落，仅留木质部。叶部症状与幼茎相似。

②防治措施：一是选择地势高、排水好、土质疏松的地块作苗床，有条件的可进行土壤消毒，施腐熟的有机肥，或用甲基硫菌灵处理土壤，可预防此病。二是初发病时及时挖除病苗集中烧毁，并用草木灰加石灰(草木灰：石灰＝8：2)撒苗床，防止病势蔓延；发病中期用75%百菌清可湿性粉剂600倍液喷洒苗床有效。三是药剂防治，此病为真菌性病害，用杀真菌剂防治。50%多菌灵800～1 000倍液，或50%托布津1 000～2 000倍液，每周喷1次，连续2～3周，或用0.3～0.5波美度石硫合剂处理根际。

(4)褐斑病　该病比较常见，为真菌性病害。由子囊菌亚门小球壳菌(*Mycosphaerella* sp.)引起。

①症状：该病菌借风、雨水传播，由气孔、伤口入侵。在5～9月份高温、高湿(25℃以上，空气相对湿度75%以上)时发病较多。主要危害叶片。初期在叶边缘呈圆形、暗绿色、水渍状斑，遇雨水迅速扩大，呈大型近圆形或不规则形斑，中间褐色，周围灰褐色，或灰、褐相间，边缘深褐色，上生许多小黑点，受害叶片卷曲破裂，干枯易脱落，大量的叶片受损或脱落，严重影响光合作用的进行，影响树体的营养积累和供应，造成衰弱。

②防治措施：一是冬季彻底清园，结合修剪，除掉病叶，集中深埋或焚烧。休眠期到萌芽前，喷1遍3～5波美度石硫合剂。二是用70%甲基硫菌灵可湿性粉剂，或50%退菌特800倍液，或50%

多菌灵或托布津500倍液，或75%百菌清或70%代森锰锌500倍液，或0.3～0.5波美度石硫合剂。在5～6月份，花后到果实膨大期喷之，每隔7～10天喷1次，连续喷2～3次，能起到降低果园病害基数，达到控制的目的。三是增施有机肥或磷、钾肥，合理修剪，提高园内通风透光性能。

(5)白纹羽病　此病仅作以了解，不常发生。致病菌有性期为子囊菌亚门核菌纲球壳目的褐座坚壳菌(*Rosellinia necatrix*)，无性期为半知菌(*Dematophora necatrix*)侵染引起发病。

①症状：该病细根多先发病，后逐渐扩展到侧根和主根，病部皮层腐烂，深达木质部。后期腐烂的木质部上形成大量白色至灰色的放射状菌索。受害植株地上部生长势衰弱，枝蔓叶凋萎，严重时枯死。

②防治措施：一是防止果园积水，合理修剪，合理负载，增施有机肥，以增强树势。二是发现病株及时挖除，并用石灰粉消毒病株根际土壤，或客土补栽。三是用50%多菌灵800～1000倍液，或用50%托布津1000～1200倍液灌根，结合防治其他真菌病，此病即可得到控制，不必专门进行作业。

(6)干枯病　此病仅作以了解，不常发生。病原菌为半知菌亚门腔胞纲球壳胞目拟茎点霉(*Phomopsis* sp.)。

①症状：该病主要危害枝干和枝蔓。4～5月份危害严重。受害枝干和枝蔓初期的症状为紫褐色或暗褐色坏死病斑，稍突起，条形或不规则长形；后期病灶表面产生大量的小黑点，枝蔓整段枯死。

②防治措施：一是合理修剪以通风透光，合理负载，增施有机肥，增强树势和树体抗病能力。二是严格检疫，防止蔓延。三是彻底刮除腐烂组织，用石硫合剂原液涂抹。并用杀真菌剂50%多菌灵800～1000倍液，或用50%托布津1000～1200倍液喷雾灭菌，以消除环境里的传染源。结合防治其他真菌病，此病即可得到控

制，不必专门进行作业。

(7)青药病　此病仅作以了解，不常发生严重危害。病原菌为担子菌亚门外担子菌(*Septobasidium* sp.)。

①症状：该病菌在病残体上越冬，通过气流和介壳虫传播，高温、高湿环境发病较多。该病在我国南方树冠郁闭的老果园发生普遍。病菌多侵染枝干和大枝蔓，病灶最初为白色、近圆形或长椭圆形菌丝斑，后扩大且中间由白色变为灰褐色至深褐色，边缘仍为白色，最终全部变成深褐色，呈膏药状。受害枝蔓逐渐衰弱，当多个病斑连成一片，或绕枝蔓一周时，造成枝蔓枯死。

②防治措施：同干枯病。

(8)白粉病　此病仅作以了解，不常发生。病原菌为阔叶猕猴桃白粉菌和子囊菌大果球针白粉菌(*Phyllactinia actinidiae latifolia*，*P. imperialis*)。

①症状：病菌分生孢子借风传播，通过气孔、伤口入侵，25℃～28℃，75%的空气相对湿度时有利于发病。雨水不利于病菌孢子萌发，梅雨季节不发病，秋天危害为主。感病叶片正面可见近圆形或不规则形褪绿斑，背面则着生白色至黄白色粉状霉菌，叶片较平展；后期散生许多黄褐色至黑褐色闭囊壳小颗粒。发病严重时可见叶片卷缩，枯萎，凋落，新梢枯死。

②防治措施：一是及时剪除病枝蔓和病叶，集中烧毁。二是用1∶2∶200波尔多液或0.3～0.5波美度石硫合剂，或50%硫菌灵可湿性粉剂1 000～1 200倍液，或多菌灵或代森锌800倍液，或25%三唑酮2 000倍液，或15%三唑酮1 200倍液，或40%敌菌铜800倍液，或45%硫黄胶悬剂500倍液喷洒防治。三是冬季清园，喷3～5波美度石硫合剂1～2遍。结合防治其他真菌病，此病即可得到控制，不必专门进行作业。

(9)炭疽病　病原菌为半知菌刺盘孢菌(*Collectotrichum* sp.)。

①症状:借风传播,通过气孔、伤口入侵,常温、高湿时发病重。本病为雨水多、湿度大的南方猕猴桃栽培区主要的病害之一。该病既危害叶,又危害枝蔓和果实。受害叶片常从边缘起出现灰褐色病斑,初呈水渍状,病健交界明显,逐渐转为褐色不规则形斑;后期病斑中间变为灰白色,边缘深褐色,其上散生许多小黑点,病叶叶缘稍反卷,易破裂。受侵害枝蔓上呈现周围褐色、中间有小黑点的病斑;受害果实最初为水渍状、圆形病斑,逐渐转成褐色、不规则形腐烂斑,最后整个果实腐烂。

②防治措施:在萌芽抽梢时喷代森锌 800 倍液、托布津 4 000 倍或 1 000 倍液,或 0.3～0.5 波美度石硫合剂。每隔 10 天喷 1 次,连续2～3 次,达到控制发病的目的。其余药剂防治参照白粉病。

(10)黑斑病　此病仅作以了解,不太常发生。病原菌有性期为黑星菌属小黑孢菌(*Leptophaeria* sp.)其无性阶段为假尾孢菌(*Pseudocercospora actinidiae*),主要以无性阶段危害,有性阶段很少出现。

①症状:病菌借风传播,经由气孔、伤口入侵,常温、高湿时发病重。主要危害叶、果实和枝蔓。叶片受害初期背面产生灰色小霉斑,逐渐扩大,转暗灰色或黑色斑,叶正面相应部位呈现失绿,多个病斑相连后呈圆形或不规则形黄褐色至褐色斑,病叶早落。果实受害初期,果面着生灰色绒状小霉斑,渐扩大成灰色或黑色大霉斑,后期霉层逐渐脱落,形成圆形或近圆形凹陷斑,病部果肉呈锥形或陀螺状硬块,病果多早落,发病较轻的果实采后易腐烂,品质低劣。枝蔓受害初期出现黄褐色到红褐色水渍状斑,梭形或长椭圆形,稍凹陷或肿胀,扩大、纵裂、溃疡,上生灰色霉层或黑色霉点。

②防治措施:一是冬季彻底清园,剪除病残体,集中烧毁,并在萌芽前喷 3～5 波美度石硫合剂 1～2 次。二是 5～6 月份发病初期及时剪除病枝蔓烧毁,并用 70%甲基硫菌灵可湿性粉剂,在花

芽膨大或终花期喷第一次药，隔 15～20 天后再喷 1 次。也可用 50%退菌特 800 倍液。三是其余药剂防治参照白粉病。结合防治其他真菌病，此病即可得到控制，不必专门进行作业。

(11)腐烂病(果实熟腐病)　病原菌为子囊菌亚门葡萄座腔菌(*Botryosphaeria dothidea*)。

①症状：该菌具有腐生性，在病残体上附生，借雨水、气流传播，通过伤口、坏死组织入侵。可侵染多种树种。在猕猴桃上主要危害衰弱的枝蔓和贮藏期的果实。枝蔓受侵染后初期的症状为皮层呈紫褐色至暗褐色腐烂坏死，深达木质部，后期病斑上有许多小黑点，为病菌的子座和子囊腔。腐烂斑常迅速绕茎一周，造成枝蔓萎蔫干枯死亡。对果实的侵染始于花期和幼果期，但多在果实采收或冷藏后发生。受害果实表面呈现椭圆形凹陷病斑，直径 3～5 厘米，中心乳白色，周围黄绿色至淡褐色，外围有水渍状绿色晕圈。病斑上表皮不破裂，易与下面的果肉分离。病部果肉呈白色海绵状腐烂，向内呈锥体形延伸。病斑在果实任何部位都可发生，但通常每个果只发生 1 个病斑，便足以使整果腐烂。此病和青霉病、蒂腐病一起，构成贮藏期病害，危害较大，一定要严格重视防治。

②防治措施：一是彻底清洁果园，烧毁枯枝烂叶，以减少病原。二是用抗病树种作防风林。三是开花前或坐果后喷甲基硫菌灵 800 倍液，或 50%托布津可湿性粉剂 500～800 倍液，或用 1：2：200 波尔多液，或 0.3～0.5 波美度石硫合剂。四是局部小病灶，则可在冬季和春季刮除腐烂组织，用 0.1%升汞溶液消毒后涂上 843 原液，或石硫合剂原液，或腐必清 50 倍液。其余防治措施和药剂用法参照干枯病和白粉病。

(12)菌核病(果实软腐病)　此病仅作以了解，不常发生。病原菌是子囊菌亚门中的黑盘菌(*Sclerotinia sclerotiorum*)。该菌不产生分生孢子，以菌丝缠绕形成菌核，故名菌核病。

①症状：该菌寄主广泛，能侵染多种果树、农作物和观赏植物。

病菌在病残体上附生，借雨水、气流传播，经伤口、气孔入侵，常温、高湿下发病。在猕猴桃上主要危害花、果实和嫩梢。受害花呈现水渍状，软败凋残成褐色团块。花柄感病后殃及嫩梢，引起枝蔓软腐变褐，潮湿环境下，病斑上可见白霉。果实受害后，果面出现凹陷的水渍状病斑，表面常附有菌丝体。危害轻及感病后遇干旱天气时，凹陷斑可消失，留下一个伤疤。带疤果实可发育成熟，但不耐贮存。严重感病果实则很快脱落。

②防治措施：一是同腐烂病，在开花晚期或落瓣期喷药。二是在幼果上除去凋萎的雌花，花后剪去谢落的雄花。结合防治其他真菌病，此病即可得到控制，不必专门进行作业。

(13)蒂腐病(灰霉病)　病原菌为半知菌亚门的灰葡萄孢霉菌(*Botrytis cinerea* Pers)，简称灰霉菌。

①症状：病菌在病残体上附生，借雨水、气流传播，经伤口、气孔入侵，常温、高湿下发病。该病于1987年在江西有过大发生，病果率达40%。其在花期侵染，但表现不明显。症状主要出现在贮藏期的果实上。感病果先在果梗基部出现水渍状斑，受害部位稍透明，颜色较健康组织稍深，有酒味。水渍状斑从果柄基部离层处均匀地向四周发展，初侵染的果肉内有绒毛状菌丝体，先白色后变为灰色。如果没有隔离防范措施，病果常在贮藏期传染给健果，不及时发现，会造成很大损失。该病菌还侵染叶片，造成灰白色至黄褐色病斑。

②防治措施：一是清除病残体，烧毁。二是在开花晚期和果实采收前1个月喷杀真菌剂类药物，参照腐烂病防治。

(14)疮痂病(果实斑点病)　此病仅作以了解，不常发生。病原菌为半知菌球壳孢菌(*Septoria* sp.)。

①症状：病菌在病残体上附生，借雨水、气流传播，经伤口、气孔入侵，常温、高湿下发病。主要危害果实，在果肩或朝上果面上发生，只危害果实的表皮组织，不深入果肉。病斑近圆形，红褐色，

较小，突起呈疱疹状。许多病斑连成一片，形成红褐色硬痂，表面粗糙，随着果实的长大而开裂，似疮痂状，故名疮痂病。该病对产量的影响较轻，但影响果实的外观和贮藏。

②防治措施：不必单纯防治，在对腐烂病等危害严重的真菌病害防治的同时，即已将此病防治。

(15)果实霉斑病(也叫叶霉病)　此病仅作以了解，不常发生。病原菌为半知菌亚门的尾孢霉菌(*Cercospora* sp.)。

①症状：该病菌在病残体上附生，借雨水、气流传播，经伤口、气孔入侵，常温、高湿下发病。主要危害果实和叶片。果实受害后的症状为果面产生稍凹陷的褐色斑点，病健交界不清，中间灰白色，上生霉层和许多病菌子座的小黑点。病部果肉僵硬，一个果实上可有数个病斑。叶片受害后初生为黄褐色，后转为褐色病斑，常有深褐色霉层，病健交界不明显。多个病斑连成一片时，叶片呈焦枯状，易脱落。

②防治措施：不必单纯防治，在对腐烂病等危害严重的真菌病害防治的同时，即可将此病防治。

(16)黑霉病　此病仅作以了解，不常发生。病原菌为半知菌亚门的离蠕孢菌(*Bipolaris* sp.)。

①症状：该病菌在病残体上附生，借雨水、气流传播，经伤口、气孔入侵，常温、高湿下发病。主要危害叶片，以幼叶和架面下遮光叶受害最重。黑色霉斑着生在叶片背面，正面相应部位初为失绿黄色小点，随着背面霉斑的扩大，逐渐转为圆形或不规则形黄褐色至褐色病斑，边界不清。受害严重时，整叶枯死。

②防治措施：不必单纯防治，在对其他危害严重的真菌病害防治的同时，即可将此病防治。

(17)轮斑病　病原菌为盘多毛孢菌(*Pestalctia* sp.)。

①症状：该病菌在病残体上附生，借雨水、气流传播，经伤口、气孔入侵，高温、高湿下发病。主要危害叶片。初期症状为黄褐色

小点，后期扩大成大枯斑，中间灰褐色，边缘深褐色有明显轮纹，并密生小黑点，病健交界明显。

②防治措施：一是清除病残体，烧毁。二是在4～5月份对腐烂病等危害严重的真菌病害防治的同时，即已将此病做了第一次防治。8月份左右遇高温、高湿时，用杀真菌剂再进行1次防治。用药参照腐烂病防治。发生不严重时，结合防治其他真菌病，此病即可得到控制，不必专门进行作业。

(18)**叶枯病**　此病仅作以了解，不常发生。病原菌为大茎点菌(*Macrophoma* sp.)。

①症状：该病菌在病残体上附生，借雨水、气流传播，经伤口、气孔入侵，高温高湿下发病。主要危害叶片。症状和轮纹病相似。多从叶缘开始发病，病斑近圆形或不规则形；中间灰白色至褐色，边缘深褐色，有明显轮纹，斑面上散生许多小黑点，病斑与健康组织分界明显。

②防治措施：同轮纹病。结合防治其他真菌病，此病即可得到控制，不必专门进行作业。

(19)**红斑病**　此病仅作以了解，不常发生。病原菌为半知菌亚门的新月弯孢菌(*Curvularia lunata*)。

①症状：该病菌在病残体上附生，借雨水、气流传播，经伤口、气孔入侵，常温、高湿下发病。主要危害叶片。病斑初期深红色，不规则，病健交界明显；后期转为红褐色，多个病斑感染同一片叶时，使叶片呈焦枯状。

②防治措施：不需单纯防治，在对腐烂病等危害严重的真菌病害防治的同时，即已将此病兼治。

(20)**青霉病**　病原菌为青霉菌(*Penicillium italicum*)。

①症状：该病菌为腐生菌，在死组织上腐生，借雨水、气流传播，经伤口、气孔入侵，低温、高湿下发病。症状主要出现在贮藏期的果实上。初期感病果实表面出现水渍状斑，褐色软腐，3天后其

上长出白色霉层，随着白色霉层向外扩展，病斑中间生出黑色粉状霉层。

②防治措施：一是清除病残体，烧毁。二是在开花晚期和果实采收前1个月喷杀真菌剂类药物，参照腐烂病防治。

(21) 锈病　此病仅作以了解，很少见。病原菌为担子菌亚门中的单孢锈菌(*Uromyces* sp.)。

①症状：该病菌在病残体上附生，借雨水、气流传播，经伤口、气孔入侵，高温、高湿下发病。主要危害叶片。初期在叶片上呈现黄白色小斑点，稍隆起，逐渐扩大，并转成褐色，后期褐色的夏孢子堆变成黑色的冬孢子堆。

②防治措施：用三唑酮等防治。一般发病很轻，结合防治其他真菌病，此病可得到控制，不必专门进行作业。

3. 病毒病及防治　迄今发现和报道的猕猴桃病毒病有猕猴桃花叶病和褪绿叶斑病。

(1)花叶病　为病毒性病害，不常发生。春夏交接时出现升温缓慢，呈现20℃～26℃的持续偏低温加连阴雨天气时发病。症状有2种，一种为叶部有鲜黄色不规则线状或片状斑，病健部交界明显，叶脉和脉间组织均可以发病；另一种为叶部黄白色不规则线状或片状斑，病健部交界明显，叶脉和脉间组织均可以发病。二者均严重影响叶片的光合功能。该病由伤口入侵，汁液传播，刺吸性口器、园艺工具和嫁接接穗均可引起该病蔓延。

防治措施：防患于未然。栽植无病毒苗，修剪时注意剪完病株后，进行工具消毒。

(2)褪绿叶斑病　为病毒性病害，不常发生。20℃～26℃持续2周左右时即可发病。该病经汁液传播，刺吸性口器、园艺工具和嫁接接穗均可引起该病蔓延，树势强健时不发病，结果太多，肥水管理跟不上引起树势衰弱时发病。症状为叶脉附近呈现不规则形褪绿斑，病部叶肉组织发育不良，局部变薄，颜色浅绿色，与正常组织形成厚薄不一的叶面不平或扭曲。

防治措施：①栽植无病毒苗木。②生长季初感染的病毒病有其局限性，及时发现，做上记号，及时清除。③修剪完病株后用70％的酒精消毒修剪工具，以免通过工具传染。

4. 类菌质体病 迄今发现的仅为丛枝病。

丛枝病发病初期局部枝蔓生长滞缓，衰弱，呈簇丛生，幼叶呈线条状生长，黄化变薄，扭曲变形，局部透明。进一步发展则为全树发病，整株衰退。传播途径同病毒病。

防治措施：当即发现，当即剪除病蔓，不让其随树液流至树体其他部位；整株感染，挖出烧毁，换土重栽。

5 地衣、苔藓、木腐病害 当果园在生长季极度郁闭，又遇长期多雨潮湿气候时，树干长时间得不到阳光照射，就会长满苔藓和地衣，严重时还会产生木腐病。地衣、苔藓和木腐病影响树体生长势，引起树体早衰。

防治措施：一是疏剪过密的枝蔓，改善果园通风透光条件，使架面下的直射光的透光率达到15％左右。二是及时清除病源，刮除树干上的老皮，并用3～5波美度石硫合剂喷涂骨架枝蔓。

6. 其他病害 尚未作研究，也未见大发生的猕猴桃病害还有：黑斑病、黑圆斑病、黑枯病、灰斑病、灰霉斑病、环斑病、稻枯病、蝇粪病、枝枯病、耳朵病等。

防治措施：这些病症或是一种特有菌引起，或是上述已知菌的附属表现症状。除了耳朵病病原不详以外，其余在病灶部均可见到菌丝，为真菌病，参照上述真菌病防治方法，或在主要真菌病的防治过程中即可得到防治，不需单独作业。

7. 新型农药 最近几年，随着许多进口农药在我国经营销售方面的试验、认证和准入以后，新农药问世较多，而且许多具有高效、低毒、环保无公害性能，并且得到发达国家准入认可。使用这些农药，并且做好使用记录，可以减少许多果品出口方面的麻烦。

在此仅作以介绍，希望其在猕猴桃果品生产上也提供一些方便。

(1)抗霉菌素120(果树专用型)　农用抗生素类杀菌剂，广谱、安全、无公害，用4%果树专用型600～800倍液喷雾，可防治苹果白粉病、苹果和梨树锈病、炭疽病。用200倍液涂抹病疤，可很好地治疗腐烂病。由于抗霉菌素120含有多种氨基酸，所以施用以后还可起到壮树、抗病和肥叶的良好作用。

(2)多抗霉素　世界著名农用抗生素类杀菌剂，是目前生产绿色果品、防治多种真菌病害的理想药剂，也是防治苹果斑点落叶病和梨黑斑病的首选特效药。对近几年来苹果园高发的霉心病和黑心病也有很好的防治作用。用10%可湿性粉剂1 000倍液喷雾防治苹果斑点落叶病，在苹果显蕾期至落花后10天喷施，连喷2次可有效防治苹果霉心病。

(3)抗生素S-921　农用抗生素类杀菌剂。刮除病疤后涂抹20～30倍液，可防治苹果树腐烂病效果好。

(4)抗菌剂402　农用抗生素类杀菌剂。刮除枝干病斑后涂抹80%乳油40～50倍液，可治疗苹果树轮纹病。

(5)绿树神医9281　由中西药和生物源复配制成。晚秋落叶前半月喷400～500倍液可防寒防冻，杀灭表层病菌。休眠期(修剪后)和早春发芽前及花芽膨大期各喷1次300～400倍液可以防剪口感染，杀灭越冬病菌，防止冻花冻果，提高坐果率。生长季节和近成熟期喷500～600倍液可使叶片浓绿，增加光合作用，提前着色并催果早熟。在病疤上划道后涂刷4～5倍液，可治疗苹果树腐烂病。

(6)硫悬乳剂　发芽前喷施50%悬乳剂150～200倍液，可防治果树上的病害，对很多害虫也有驱避作用和杀卵活性。一般在苹果和梨树的生长后期喷施，能起到很好的保叶作用。

(7)绿乳铜　为乳油铜制剂，是一种非内吸性广谱杀菌剂，具有波尔多液的功能。

(8)科博　一种低毒广谱杀菌剂，在葡萄苗生长10厘米以后或发病初期喷78%可湿性粉剂500～600倍液，每隔10天喷1次，连喷2～3次，对葡萄霜霉病、白腐病、炭疽病、黑痘病、黑腐病、褐斑病和穗轴褐枯病等防效优异。在苹果生长后期即7月中旬至8月中旬的秋梢速长期喷施500倍液1～2次，对苹果轮纹病有特效，可同时兼治斑点落叶病等叶片和果实病害。

(9)烯唑醇　一种广谱杀菌剂，具有保护、治疗、铲除和内吸作用，用12.5%可湿性粉剂2 000～3 000倍液可防治梨黑星病、白粉病、黑斑病和苹果炭疽病、轮纹病、锈病。

(10)腈菌唑　比烯唑醇效力更高的高效内吸治疗性三唑类杀菌剂，具有预防、治疗、铲除三重作用。用12%乳油2 000～3 000倍液喷雾，可防治果树黑星病、轮纹病、白粉病、炭疽病等真菌病害。同时，对作物有一定刺激作用，可加速叶绿素的合成，增强光合作用，提高果实光滑度。原药生产厂有江苏宜兴生物化工厂和沈阳化工研究院。

(11)世高　广谱、内吸、耐雨性好，持效期长。可以通过输导组织传送到植物全身，具有保护和治疗双重效果，剂型先进，对作物安全。对梨黑星病、苹果斑点落叶病、葡萄炭疽病、黑痘病、草莓白粉病均有良效。一般情况下用10%水分散粒剂3 000～5 000倍液，严重时用1 500～2 000倍液。

(12)斯佩斯菌核净　继敌菌丹、灭菌丹、克菌丹、速克灵等亚胺类杀菌剂之后，国外开发的新亚胺类杀菌剂。对草莓、葡萄灰霉病特效。遇雨有再分布作用，药效更好。因而在夏季多雨季节苹果斑点落叶病、梨黑斑病、黑星病暴发时，宜选用40%斯佩斯菌核净800～1 000倍液喷施。

(13)普力克　一种新型氨基甲酸酯类杀菌剂，能抑制病菌细胞膜成分的磷脂和脂肪酸的生物合成，抑制菌丝生长、孢子的萌发和形成。当用作土壤处理时，能很快被根吸收并向上输送到整个植株。当用作茎叶处理时，能很快被叶片吸收，并分布叶片中，如果剂量合适，在喷药后30分钟就能起到保护作用。普力克尤其对常用杀菌剂已产生抗药性的病菌有效。在发病前和初期，每667平方米用72.2%普力克水剂60～100毫升加30～50升水喷雾。推荐每个生长季节使用普力克2～3次，对作物的任何生长期都十分安全。

(14)OS施特灵　海洋生物药肥，兼具直接杀菌、诱导杀菌和抑制病毒三重功效，天然广谱无公害，使用前景广阔。

(15)聚糖果乐　是以海洋甲壳质为主要原料，采用独特配方研制而成的一种果树专用型生物制剂。是继氨基酸、黄腐酸（腐殖酸）后国内外开发的又一大类液肥。主要成分是氨基聚糖素，其内所含的钙质为天然生物钙，喷后能尽快补充果实钙质，令果面光洁鲜亮，品质好且着色快。所含成分能激化植物体内酶的活性，从而达到增强植株耐寒、抗旱能力，促进生长。施后可迅速在植物表面形成保护膜，阻止多种病菌侵染，并能直接进入植物体内，防止生理病害的发生，改善品质，使树体健壮，叶片肥厚浓绿，促进光合作用，对轻度肥害、药害及弱树恢复效果明显。用800～1 000倍液喷雾，可防治果树多种生理性病害。

8. 传统的杀菌剂

(1)多菌灵　50%可湿性粉剂，40%胶悬剂，防治真菌性病害，具内吸作用，广谱高效低毒，治疗兼预防，发病前或初期，使用浓度800～1 000倍液。

(2)托布津（通普净）　50%可湿性粉剂，防治真菌性病害，具内吸作用，广谱、高效、低毒，治疗兼预防，发病前或初期，使用浓度800～1 000倍液。

(3)甲基硫菌灵　50%和70%可湿性粉剂，防治和作用同上，使用浓度分别为1 000和1 500倍液。

(4)三唑酮　15%和25%可湿性粉剂，防治真菌病，广谱、内吸，浓度分别为 1 000 和 1 800 倍液。

(5)速克灵　50%可湿性粉剂，防治真菌病，内吸，传导，使用浓度 1 000～3 000 倍液喷雾。

(6)特克多　45%胶悬剂，针对贮藏期真菌病害，内吸、广谱、高效，使用 500～1 000 倍液浸果。

(7)百菌清　75%可湿性粉剂，防治真菌性病害，广谱、持效，预防作用强，也具熏蒸治疗作用，使用浓度 600 倍液。

(8)新星(福星)　40%乳剂，防治真菌性病害，内吸，使用浓度 8 000～10 000 倍液。

(9)菌毒清　5%水剂，针对腐烂病等，广谱、内吸，具渗透性，刮除病斑后，使用 50～100 倍液涂之。

(10)克死霉(春雷霉素)　2%、4%、6%可湿粉剂，真菌性病害，内吸，高效持效，使用 15～500 毫克/升喷雾。

(11)农用链霉素　0.1%～8.5%粉剂，针对细菌性病害，广谱，渗透传导，50～200 毫克/升喷雾。

(12)农用土霉素　2%可湿性粉剂，针对细菌性病害，广谱，渗透传导，高压注射。

(13)石硫合剂　45%晶体，防治细菌、真菌性病害和虫卵等，广泛预防和治疗，萌芽前 20～40 倍液，后 300～400 倍液。

(二)非侵染性病害种类及防治

非侵染性病害也称为生理病害，其包括营养缺素症、单元素过量引起的中毒症、农药和除草剂使用不当引起的药害，以及非正常自然因素导致的生理不适和生长异常。后者在预防自然灾害中已经讲过，在此不重述，除草剂在猕猴桃园不要用，农药如果按照说明书使用，一般不会发生药害，在此不作介绍，其余分叙如下。

1. 缺素症　猕猴桃缺素症常见的症状如下。

(1)缺钾　当植株体内每千克干物质含钾低于 2%时，即可出现缺素症状。超负载果园缺钾发生的相对较重。初期为脉间失绿,由叶缘向基部延伸,失绿组织与健康组织间的界线不明显,其后失绿组织由叶缘开始焦枯,成烧伤状,老叶叶缘首先变褐上卷,高温季节更明显。病叶提前脱落。缺钾严重的树体影响果实发育,果实变小,果皮颜色黄化色增加,果肉颜色变淡;芽发育不饱满,并且萌芽延迟。

纠正措施:土施氯化钾或硫酸钾,盛果期园参考用量是 100 千克/公顷。

(2)缺镁　当植株体内每千克干物质含镁低于 0.1%时,即可出现缺素症状。高 pH 值土壤环境条件下症状较重。表现为叶脉绿色正常,幼叶脉间呈现红褐色花青素色,而老叶脉间呈浅绿色至黄绿色,呈现模糊状斑马纹,基部多正常,斑马纹老叶更明显。失绿斑多沿叶缘一定距离规则排列,主、侧脉两边的健康绿色组织带较宽,失绿组织与健康组织间的界线较明显,症状出现在生长季中期。缺镁症状出现在幼叶上时褪绿组织较少出现变褐坏死,偶有出现,也为脉间不连续的坏死斑。

纠正措施:土施硫酸镁或水镁矾,盛果期园参考用量是 20～30 千克/公顷,或叶面喷硫酸镁,浓度 0.3%～0.5%,隔周 1 次,连喷 3～5 次。

(3)缺氮　当植株体内每千克干物质含氮低于 1.5%时,即可出现缺素症状。超负载果园缺氮发生的相对较重。症状先老叶,后幼叶,最终所有叶片呈现均匀的脉间淡绿色至黄色失绿,仅留叶脉不变。控氮水培试验发现,严重缺氮时,老叶的边缘也可产生枯斑,枯斑首先出现在叶尖,然后由叶缘开始向叶基部发展,叶缘坏死组织可上卷。缺氮时树体生长减慢,植株较小,果实发育受阻,比正常果实小。

纠正措施:土施尿素等氮肥,盛果期园参考用量是 50～60 千克/667 米^2,隔 15～30 天 1 次,连施 2～4 次。

（4）缺锰　当植株体内每千克干物质含锰低于30毫克时，即可出现缺素症状。且多出现在土壤pH值较高的（pH值≥6.8）果园。表现在幼叶或刚展开叶首先出现浅绿色至黄色脉间失绿，严重时全株叶片均失绿，有时伴有支脉间组织向上稍隆起，叶面光亮如涂蜡。缺锰与缺镁的区别在于缺锰的症状首先发生在初长成的叶片上，而非老叶；其次缺锰的脉间失绿黄化直通到主脉附近，即所谓的斑马纹最典型，严重时仅剩下叶脉为绿色，其余部分均为黄色到黄绿色，而缺镁的主脉附近和叶基部常保持绿色。

纠正措施：①在北方偏碱性土壤中加施酸性肥料硫酸铵、硝酸铵、酒糟、醋糟、有机肥等，降低土壤pH值，使土壤中的锰释放出来。② 喷施硫酸锰，0.3%～0.5%的浓度，3～5遍，间隔15天左右。

（5）缺锌　当植株体内每千克干物质含锌低于12毫克时，即可出现缺素症状。各种pH值土壤环境条件下都有发生。控锌水培发现，其症状为老叶呈现亮黄色脉间失绿，叶缘较重。田间观察症状为老叶的脉间黄化更明显，有时新梢有小叶现象，小叶表现为窄长生长，不向宽向发展。缺锌的黄化斑不出现坏死，且症状出现在生长季中期。缺锌不仅影响地上部生长，还影响侧根的发育。磷能降低土壤中锌的有效性，施磷肥过多的果园常表现出缺锌。

纠正措施：叶喷或土施锌盐，以叶喷为常用措施，用硫酸锌0.3%浓度在发病季节喷施2～3遍，间隔7～10天。

（6）缺磷　当植株体内每千克干物质含磷量低于0.12%时，即可出现缺素症状。超负载果园缺磷发生的相对较重。轻度缺磷时一般无症状，严重时老叶呈现淡绿色脉间失绿，从叶尖向基部扩展，叶面逐渐呈紫红色，泛蓝紫色光，叶缘、叶面靠基部的主脉和叶背面主、侧脉最明显，从脉尖向基部逐渐加深，叶向背面微翻卷。

纠正措施：土施过磷酸钙，盛果期园参考用量是100千克/667米^2。

（7）缺钼　当植株体内每千克干物质含钼低于0.01毫克时，

即可出现缺素症状。低 pH 值土壤环境条件下时有发生，但总体缺钼情况较少见到。控钼试验发现其可引起树体和果实变小，果实苦涩，叶片表面缺乏光泽，变脆，初期散生点状黄斑，逐步发展成外围有环状黄色圈的褐色斑，可穿孔。

纠正措施：叶喷钼酸钾，浓度 0.1%～0.3%。

(8)缺氯　当植株体内每千克干物质含氯低于 0.6%时，即可出现缺素症状。低 pH 值土壤环境条件下时有发生，但总体缺氯情况较少见到。在老叶顶端主侧脉间，首先出现散生片状失绿，由叶缘向侧、主脉扩展，叶缘常呈连续状，反卷呈杯状；幼叶有轻度小叶现象。

纠正措施：土施氯化钾，盛果期园参考用量是 10～15 千克/667 米^2，分 1～2 次施之，间隔 20～30 天。

(9)缺钙　当植株体内每千克干物质含钙低于 0.2%时，即可出现缺素症状。各种 pH 值土壤环境条件下均可出现缺钙，但生产上未见到大面积果园发生。首先表现在新成熟叶的基部叶脉颜色暗淡，坏死，俗称鸡爪状病。随着病情发展，分支状坏死斑逐渐呈现片状坏死斑，坏死组织干枯，破裂，甚至落叶，严重时老叶的脉间组织也坏死，叶缘向上微卷。落叶造成侧芽萌发，萌发后的新梢呈现莲座状，且蔓梢坏死。缺钙不仅影响地上部生长，而且也影响根系生长，缺钙植株的根系发育差，根尖容易死亡，引起根际病害的发生。

纠正措施：①酸性土壤上可土施石灰，提高钙的含量。②中性和偏碱性土壤上，土施磷酸钙、硝酸钙，盛果期园参考用量是50～100 千克/公顷。

(10)缺铁　当植株体内每千克干物质含铁低于 60 毫克时，即可出现缺素症状。高 pH 值土壤环境条件下出现缺铁较重。轻者幼叶呈现淡黄色或黄白色脉间失绿，症状从叶缘起向主脉推进，老叶正常；重者先幼叶，后老叶，以至于枝蔓上的全部叶片均失绿黄化，甚至连叶脉都失绿黄化或白化，叶片变薄，易脱落，果实小而硬，果皮粗糙。

纠正措施：①在北方偏碱性土壤中加施酸性肥料硫酸铵、硝酸铵、酒糟、醋糟、有机肥等，降低土壤 pH 值，使土壤中的铁释放出来。②喷施硫酸铁铵，0.3%～0.5%的浓度，3～5 遍，间隔 10 天左右。土施硫酸亚铁，参考用量是 10 千克/公顷。

(11)缺硫　当植株体内每千克干物质含硫低于 0.18%时，即可出现缺素症状。我国尚未见缺硫报道。新西兰报道缺硫植株生长减慢，幼叶边缘呈淡绿色至黄色，逐渐扩大，仅留主、侧脉结合处一块楔形绿色，严重者整叶失绿。有些像缺氮，但不同于缺氮的是缺硫仅限于幼叶，老叶无症状，另外缺硫严重时黄化部位的叶脉也黄化，但不焦枯。

纠正措施：土施硫酸钾、硫酸铵，盛果期园参考用量是 15～20 千克/667 米^2。可于生长季 1 次施入，或间隔 1 个月，分 2 次施入。

(12)缺硼　当植株体内每千克干物质含硼低于 20 毫克时，即可出现缺素症状。低 pH 值土壤环境条件下出现缺硼现象较为严重，我国南方猕猴桃园发生缺硼非常普遍。幼叶中心呈现小而规则的黄色，随后扩大连接，在主、侧脉两边形成大的黄化斑，叶缘保持正常，脉间组织隆起，致幼叶外观加厚，并扭曲变形；严重缺硼时，枝蔓生长受阻，节间变短，植株矮化，出现“藤种病”，且诱发溃疡病。花发育不良，影响授粉受精，果实种子少，果个变小。

纠正措施：猕猴桃对硼很敏感，硼过量时也会出现危害，因而无论叶喷或土施，都要格外注意用量。叶喷常用硼酸，于萌芽期和盛花初期喷施 0.2%的硼酸，不但有提高当年坐果率的作用，也可部分缓解缺硼症。土施常用硼砂，用量视具体情况摸索。

(13)缺铜　当植株体内每千克干物质含铜低于 3 毫克时，即可出现缺素症状。低 pH 值土壤环境条件下可以发生缺铜现象，我国南方猕猴桃园要对其加以重视。缺铜仅影响地上部生长，植株比正常者矮化。缺铜时，初期幼叶失绿，为淡绿色，随后褪绿程度在脉间加重，使叶片外观呈白色，但叶脉不变；严重缺铜时，枝蔓生长点死亡，叶子早落。

纠正措施：缺铜主要出现在酸性土壤上，用碱性肥料改良土壤，可以解决缺铜问题。结合防病，叶面施用波尔多液，即可缓解症状。

以上缺素种类繁多，对于大型果园和企业经营性果园或基地，应该进行园地土壤和叶片营养分析，按照木桶定律，根据缺素情况制订出自己的营养补差施肥方案，与微量元素的补差复配起来，成为自己的黄金搭档，以提高施肥和作业的功效。

2. 中 毒 症

(1)硼中毒(>100 毫克/千克叶片干物质含量) 先老叶、后幼叶出现脉间失绿，脉间组织隆起，表面粗糙，叶片加厚，叶缘向下或向上卷曲；后期脉间失绿区逐渐坏死，由支脉间扩展到侧、主脉间，颜色由褐色变成银灰色，质脆易破，使叶片呈破布状。果实的变化为果心变褐坏死，不耐贮藏。

纠正措施：土施石灰，提高土壤 pH 值，增加土壤有机质含量。

(2)钠中毒(>100 毫克/千克) 植株矮小，老叶先呈现蓝绿色，叶缘焦枯下卷，严重时，幼叶也出现症状，但并不萎蔫。

纠正措施：用淡水灌溉洗盐。

(3)氯中毒(>7%叶片干物质含量) 老叶叶缘呈现青铜色失绿，重者脉间坏死；幼叶叶色变淡，叶缘向上或向下卷曲成蝶状。

纠正措施：用淡水灌溉洗盐。

(4)锰中毒(>1 500 毫克/千克) 多在严重偏酸性土壤，且排水不良的果园出现。典型症状为老叶呈现沿主脉两侧密布有规则的小黑点。锰中毒的初期症状为老叶上伴随有小黑点的褪绿斑，叶色变暗，呈蓝绿色或蓝灰色；严重锰中毒时可出现较大面积米色坏死斑。土壤中较高浓度的锰可引起缺铁症，故其次生症状有幼叶脉间失绿。

纠正措施：土施石灰，提高土壤 pH 值。

(5)铁中毒(>300 毫克/千克)　酸性较大的土壤多见。症状为成熟叶边缘褪绿，严重时组织坏死，叶缘变褐微卷曲，早落叶。

纠正措施：土施石灰，提高土壤 pH 值。

应该指出的是，缺素症和中毒症常发生在降水量较大，多而集中，温度较高，土壤矿化迅速，营养淋失较多，有机质含量较低的红壤和沙质土壤上。其根本性的纠正措施为增施有机肥，提高土壤的保肥、供肥和控水能力。

二、虫害种类及防治

危害猕猴桃的害虫种类较多，但如果稍加防治，很少有大发生。但鉴于这些虫害在猕猴桃上有所为害，在此仅作以介绍，供大家在遇到各种虫情时，参考防治方法。分类为金龟子类、叶蝉类、卷叶蛾类、天蛾类、介壳虫类、蝽类、叶甲类，以及地下害虫类如线虫、蝼蛄、地老虎等。下面分类介绍其防治方法。

(一)金龟子类

1. 种类和为害情况　危害猕猴桃的金龟子种类有 10 多种，主要有苹毛金龟、茶色金龟、小青花金龟、小绿金龟、白星金龟、斑啄丽金龟、墨绿金龟、华北大黑鳃金龟(朝鲜大黑鳃金龟)、黑阿鳃金龟、华阿鳃金龟、二色希鳃金龟、无斑弧丽金龟、中华弧丽金龟、斜矛丽和铜绿金龟子等。

为害情况：幼虫和成虫均为害植物。食性很杂，几乎所有植物种类都吃。成虫吃植物的叶、花、蕾、幼果及嫩梢，幼虫啃食植物的根皮和嫩根。危害的症状为不规则缺刻和孔洞。美味猕猴桃品种有毛，金龟子不喜食，受害较轻。金龟子在地上部食物充裕的情况下，多不迁飞，夜间取食，白天就地入土隐藏。其生命周期多为1年1代，少数2年1代。1年1代者以幼虫入土越冬，2年1代者幼、成虫交替入土越冬。一般春末至夏初出土危害地上部，此时为防治的最佳时机。随后交尾，入土产卵。7～8月份幼虫孵化，在地下为害植物根。并于冬天来临前，以2龄、3龄幼虫或成虫状态，潜入深土层，营造土窝(球形)，将自己包于其中越冬。

2. 防治措施　一是利用金龟子成虫的假死性，在其集中危害期，于傍晚、黎明时分，晃动枝蔓，令其落地，捡拾装入玻璃瓶，密封致死。二是利用金龟子成虫的趋光性，在其集中危害期，于夜间用蓝光灯诱杀。大约每6 667平方米地1盏灯，灯下放水缸，盛水并滴入少量机油，扑灯的金龟子掉入缸中，蘸上油即不能飞。三是利用成虫的趋化性，在其集中危害期，夜间在田间放置糖醋药饵罐头瓶诱杀。糖醋比为(3～5)∶1。大约每66.7平方米地放1瓶，瓶中放杀虫剂药液的浓度比下述喷药浓度稍大。早晨收瓶，防止人、畜中毒。四是在蛴螬或金龟子进入深土层之前，或越冬后上升到表土时，中耕圃地和果园，在翻耕的同时，放鸡食虫。五是在大发生之年，用敌百虫600倍液拌麸皮或嫩草，呈小堆堆放在编织袋上，每667平方米1.5～2.5千克，均匀布于果园，以诱杀成虫后，集中烧毁。六是吡虫啉，10%可湿性粉剂稀释3 000～4 000倍，或啶虫脒用2 000～3 000倍液，于金龟子发生期喷雾。花期发生的金龟子要用氟虫脲，其为苯甲酰脲类(特异性昆虫生长调节剂)杀虫、杀螨剂，对害虫主要是胃毒作用，触杀作用很小，兼有杀卵作用，高效、安全、无公害。对人、畜毒性很低，对天敌和鱼虾等水生动物杀伤作用小，对蜜蜂安全。能防治鳞翅目、鞘翅目和同翅目的许多农业害虫。

(二)蛾　类

1. 种类和为害情况　危害猕猴桃的蛾类害虫多属鳞翅目。

有苹果小卷叶蛾、桃白小卷蛾、黄斑长翅卷叶蛾、枣镰翅小卷蛾、角纹卷叶蛾、核桃缀叶螟、美国白蛾、车天蛾(葡萄天蛾)、柳蝙蛾(东方蝙蝠蛾)、木蠹蛾、豆天蛾、枣桃六点天蛾等。均为咀嚼式口器,食性杂,为害多种植物,猕猴桃不是它们的最爱嚼食的。为害部位有叶、芽、嫩梢蔓、花、蕾和幼果。轻则造成这些器官残缺不全;重则嫩梢及叶一扫而光,落花落果,给生产上造成严重损失。

2. 生活习性 卷叶蛾类1年发生数代。以卵、茧2种方式越冬,潜藏在叶面、叶背脉间、卷叶内或缀叶间、土壤里、老树皮和翘皮下。翌年春猕猴桃萌芽时孵化,幼虫开始活动,为害芽、嫩叶和花蕾。常吐丝结网,潜伏其中嚼食。如晃动卷叶,幼虫从卷叶中脱出,吐丝下垂。老熟幼虫在卷叶内或缀叶间化蛹。树上有果实后,幼虫啃食果皮和果肉,造成果面虫伤或落果,严重影响果品的商品价值和产量。成虫有鳞翅,会迁飞。白天多栖息在叶背或草丛间,夜晚活动。有趋光性和趋化性。产卵于叶面、叶背或果面上。做茧于卷叶内或缀叶间、土壤里、老树皮和翘皮下。天蛾类危害主要以幼虫危害叶片和嫩梢蔓。低龄幼虫,或将叶片蛀食成缺刻和孔洞,稍大后可将整个叶片食尽,仅残留部分粗脉与叶柄,严重时将整株食成光杆;或吐丝结网,黏网成苞,隐蔽蛀食。天蛾多以卵和幼虫在树干缝隙越冬。

3. 防治措施 一是冬季或早春彻底刮除老树皮、翘皮,集中烧毁,以消灭树体上的越冬虫茧。二是越冬幼虫出蛰盛期,喷布青虫菌6号(苏云金杆菌),或白僵菌粉剂,或Bt乳油600倍液,或20%甲氰菊酯3 000～4 000倍液,或50%杀螟松乳剂1 000倍液。三是在第一代卵孵化盛期和幼虫期喷布Bt乳剂600倍液,或20%甲氰菊酯3 000～4 000倍液,或20%杀灭菊酯乳油2 000～3 000倍液。四是在各代成虫发生期,果园内可悬挂糖醋液诱杀成虫。五是用赤眼蜂、甲腹茧蜂等天敌进行生物防治。必须注意,在利用天敌防治时,尽量减少使用杀虫剂。六是5～10月间,用黑光灯或性引诱剂加水缸诱捕成虫。

(三)介壳虫类

1. 种类和为害情况 介壳虫对猕猴桃的危害较大。其发生的种类有草履蚧(草履绵蚧)、柿长绵粉蚧、狭口炎盾蚧(贪食圆蚧)、桑白蚧(桑盾蚧、桑介壳虫、桃介壳虫等)、考氏白盾蚧、梨白蚧、长白蚧、椰圆蚧、蛇眼蚧、龟蜡蚧、网纹绵蚧、桑虱和红蜡蚧等。但在一个地区往往只有那么1～2种。

生命周期和为害症状:介壳虫类1年发生数代。主要以雌性成虫若虫为害树体,附着在树干、枝蔓和叶片上,刺吸枝蔓叶的汁液。狭口炎盾蚧甚至为害果实。其移动性差,多集中分布,防治时容易彻底消灭。介壳虫以卵、幼虫和雌性成虫方式在树枝蔓干、蔓上和土壤中越冬。如草履蚧5月份雌虫下树,在树干周围5～7厘米深的土缝内或石块下越冬,分泌白色绵状卵囊,并产卵于其内,越夏过冬;桑白蚧等则以受精雌虫在枝蔓上越冬;狭口炎盾蚧则以2龄若虫和少数成虫在树枝蔓枯叶上越冬。雌性成虫和若虫常因被有蜡质介壳,药液难以渗透,触杀式药剂效果不明显,而用内吸式农药较好。其为害严重时,在枝蔓表面形成凹凸不平的介壳层,削弱树势,甚者导致枝蔓或全树的死亡。

2. 防治措施 一是加强检疫,在欧洲和北美,出口果实时,狭口炎盾蚧为检疫对象。我国将介壳虫作为苗木和果实调运检疫对象。二是地面铺盖塑料薄膜后,用硬塑料刷或细钢丝刷,刷掉树枝蔓上的虫体。并在修剪时,剪掉群虫聚集的枝蔓。冬季刮除树干基部的老皮,涂上约10厘米宽的黏虫胶。病虫残体收集烧毁。三是萌芽前喷布3～5波美度石硫合剂,或艾美乐(吡虫啉的商品药之一),70%水分散粒剂20 000～30 000倍液,或25%噻嗪酮可湿性粉剂1 500～2 000倍液,或啶虫脒2 000～3 000倍液,或氟虫脒1 000～1 500倍液,施药后2～3小时害虫螨停止取食,3～5天达死亡高峰，其滞留性杀虫作用，可使药效长达2个月，对螨类有较好的防治效果，或果蔬利（阿维菌素和毒死蜱的复配药），2 000～3 000倍液喷雾，可消灭若虫。四是生长季喷施环保型轻乳油，在虫体表面形成一层空气隔层，致其窒息而死。五是杀扑磷对介壳虫有特效，但其为高效高毒有机磷杀虫剂，萌芽前喷施1 000～1 500倍液，可保全年无蚧，其他害虫也大大减少。还可在果园套袋工作完成后用1 500倍液喷施1次，可有效杀灭暴发性害虫、害螨。但猕猴桃园一般不发生严重虫灾，不要选用此药剂，以防果品认证时难以过关。

（四）蝽　类

1. 种类和为害情况　为害猕猴桃的蝽类害虫有菜蝽、紫蓝曼蝽、稻棘缘蝽、麻皮蝽、二星蝽、广二星蝽、斑须蝽、小长蝽等。此类害虫的特点是有臭腺，捕捉时会放出刺鼻臭味。均为刺吸式口器，以吸取植物的汁液为生。若虫、成虫均能为害。为害部位为植物的叶、花、蕾、果实和嫩梢。组织受害后，局部细胞停止生长，组织干枯成瘢痕，硬结，凹陷；叶片局部失色和失去光合功能，果实失去商品价值。蝽类有翅，会迁飞。多以成虫在建筑物、老树皮、杂草、残枝蔓落叶和土壤缝隙里越冬。由于其前胸有盾片，后背有硬基翅，药剂难以渗透，须用内吸式农药防治。

2. 防治措施　一是冬季清除枯枝蔓落叶和杂草，刮除树皮，进行沤肥或焚烧。二是利用成虫的假死性，在其集中危害期，晃动枝蔓，令其落地，捡拾装入玻璃瓶，密封致死。三是利用成虫的趋化性，在其集中为害期，田间放置胶糖醋药饵罐头瓶诱杀和黏杀。大约每66.7平方米地放1瓶，瓶中放入的杀虫剂药液浓度比下述喷药液浓度稍大。注意防止人畜中毒。四是在大发生之年秋末至冬初，成虫寻找缝隙和钻向温度较高的建筑物内准备越冬之际，定点垒砖垛，砖垛内设法升温，加或不加糖醋化诱剂，砖缝中涂抹黏虫不干胶，黏捕越冬成虫，减少翌年虫口基数。五是20%甲氰菊酯3 000～4 000倍液，或艾美乐70%水分散粒剂20 000～30 000倍液，对传统杀虫剂有机磷和菊酯类产生抗性的害虫，用此药防治很有效，或阿克泰25%水分散粒剂10 000倍液喷施，或啶虫脒2 000～3 000倍液喷雾。

(五)叶蝉类

1. 种类和为害情况　为害猕猴桃的叶蝉类害虫有桃一点斑叶蝉、双纹斑叶蝉、猩红小绿叶蝉、蔷薇小叶蝉、黑尾叶蝉、褐盾短头叶蝉和褐臀匙头叶蝉等。叶蝉类形体小，有翅，会迁飞。1年发生数代。对植物的为害贯穿于整个生长期。蝉类若虫在4月份开始活动，6月中旬为第一次虫口高峰，8月下旬为第二次高峰。以4～8月份为集中防治期。叶蝉类为刺吸式口器。主要为害叶、嫩梢、花、蕾和幼果。被害部呈现苍白斑点，严重时多斑连片成黄白色失绿斑，最终焦枯死亡脱落。叶蝉类常产卵于叶背主脉中，幼虫孵出后钻出叶脉，留下一条褐色缝隙。虫口基数大时，使叶背破缝累累。

2. 防治措施　一是杂草为叶蝉类的越冬场所，冬季清园，减少虫口基数。二是在4～8月份虫口密度大时，喷布杀虫剂。参照金龟子和蝽类用药。

(六)叶甲类

1. 种类和为害情况　为害猕猴桃的叶甲种类较多，有栗厚缘叶甲、黄守瓜、山楂花象甲、山楂萤叶甲、酸枣隐头叶甲、核桃果象甲、油菜蚤叶甲和光叶甲等。叶甲类为咀嚼式口器，食性很杂，成虫和幼虫均可为害，几乎所有树种都吃。为害部位主要为叶、嫩梢、花、蕾和幼果。为害后被害部多呈现圆弧或不规则形缺刻，症状明显，容易辨认。此类害虫的为害，在南方猕猴桃果园多见。主要以成虫取食猕猴桃叶片、叶柄及嫩梢的皮层。约5月中旬零星出现,6月份起密度逐渐增加,8月份以后陆续转至近处的作物或杂草上。叶甲类的活动规律为白天上午10时至下午3时,为取食的旺盛阶段,夜晚休息。多以成虫越冬。产卵与化蛹在土壤、树皮等各种缝隙中,以土中多见。化蛹时多建有土屋。幼虫为害植物的根系。

2. 防治措施 一是清除果园杂草,破坏害虫栖息场所。二是叶甲类甲厚,药液渗透较难。人工捕杀成虫、刮除卵块烧毁或捣烂化蛹土屋收效显著。三是在5月下旬至6月上旬喷洒药剂,参照蝽类和金龟子。四是在幼虫为害期,用艾美乐70%水分散粒剂20 000～30 000倍液,或25%噻嗪酮可湿性粉剂1 500～2 000倍液喷雾,或阿克泰(硫化烟碱类)25%水分散粒剂10 000倍液,或用苦参氰杀盲椿象,稀释1 000～1 500倍喷施。

(七)天牛类

1. 为害情况 天牛类对树体的为害主要为幼虫钻食枝干,使骨架枝蔓的木质部形成空洞,经风雨侵蚀,腐烂死亡;成虫也残害叶和嫩梢,但以幼虫为害最大。

2. 防治措施 一是冬季清园翻土,清除杂草及病虫枝蔓烧毁。幼虫虫体很大,结合夏剪等捕杀幼虫。二是春季在幼虫刚入枝杈时,用小刀挖除捣死。三是成虫发生期设蓝光灯加水缸诱杀。四是结合其他病虫的防治,混用敌百虫、敌敌畏、对硫磷等以杀幼虫,或20%甲氰菊酯3 000～4 000倍液,或除虫脲3号或苏脲1号1 000倍液杀灭幼虫。五是用棉签蘸上80%敌敌畏50倍液,或10%氯氰菊酯500倍液,或阿克泰25%水分散粒剂1 000倍液,或果蔬利800～1 000倍液塞到虫道内以毒杀幼虫。

(八)蚜虫类

1. 为害情况　生产上栽培的猕猴桃品种多为美味猕猴桃，其枝叶生有密毛，不利于蚜虫活动和取食，因而蚜虫为害不严重。为害较大的为猕猴桃瘤蚜，其造成叶缘卷曲，叶面不平，严重影响叶片的光合效能，使树体衰弱，结果性能和果实品质下降。

2. 防治措施　一是及时发现，及时摘除病叶烧毁。二是用抗蚜威50%可湿性粉剂3 000倍液，或70%唑蚜威1 500倍液，或70%艾美乐水分散粒剂20 000～30 000倍液，或果蔬利2 000～3 000倍液弥雾或浸病叶。

(九)叶螨类

1. 种类和为害情况　为害猕猴桃的叶螨类主要有山楂叶螨(猕猴桃叶螨)、苹果叶螨、枣树叶螨、朱砂叶螨等。叶螨形体很小，红色或褐色。常附着在芽、嫩梢、花、蕾、叶背和幼果上，用其刺吸式口器吸取植物的汁液。被害部呈现黄白色到灰白色失绿小斑点，严重时失绿斑连成片，最后焦枯脱落。成螨、若螨均能危害。螨类繁殖很快，1年数代至数十代。多以受精雌螨在树干、土壤缝隙里越冬。高温干旱年份有利于大发生。

2. 防治措施　一是冬季清园，清除杂草及病虫枝蔓烧毁，刮老树皮。二是平均每叶有4～5头时，进行化学防治。常用的药剂有:0.4～0.5波美度石硫合剂，或霸螨灵5%悬浮剂2 000～3 000倍液喷雾，持效期40天左右，1年1～2次即可。或蛾螨灵(是灭幼脲3号和15%扫螨净的复配剂)，防治红蜘蛛有效，或果蔬利2 000～3 000倍液喷雾，或20%螨死净2 000倍液，或50%溴螨酯乳油、50%苯丁锡可湿性粉剂、25%三环锡可湿性粉剂、25%三唑锡可湿性粉剂1 000～1 500倍液，5%噻螨酮乳油或可湿性粉剂1 500～3 000倍液，或73%炔螨特乳油2 000～3 000倍液等。其中苯丁锡、炔螨特在开花前低温情况下喷施效果差，高温时效果好。三是繁殖食螨瓢虫、小花蝽、食虫盲蝽、草蜻蛉、蓟马、隐翅甲、捕食螨等，以虫治螨。减少农药的使用量。这些农药使用时要查对认证的限制范围。

(十)地下害虫类

为害猕猴桃的地下害虫主要有蝼蛄、地老虎和线虫。三者的生活习性、防治方法等差异较大，故分述之。

1. 蝼蛄(“土狗”) 为苗圃常见虫害。

(1)生活习性及为害症状 以成虫、若虫为害猕猴桃幼苗的根部和靠近地面的幼茎，被害部呈不整齐的丝状残缺，常致幼苗枯死，同时还为害刚播下的种子。成虫、若虫常在地表活动，钻成许多纵横交错的孔道，使幼苗根与土壤分离，经日晒后枯萎而死亡。3～4 月份开始活动，4～5 月份为害盛期，5～6 月份产卵孵化，10 月下旬开始越冬，以春、秋两季较活跃。在雨后和灌溉后，行迹明显，为人工捕捉的好时机。

(2)防治方法 一是清除杂草，深翻土地，结合灌溉，人工捕捉。二是毒饵诱杀，用碾碎炒香的菜籽饼或花生饼等，拌以 90% 晶体敌百虫 500 倍液，傍晚撒在地面诱杀。

2. 地老虎 苗圃和果园均有发生。

(1)生活习性及为害症状 地老虎种类较多，以小地老虎为害最普通。幼虫为害未出土和刚出土的猕猴桃幼苗，往往自地面咬断。如幼苗出土后主茎硬化，也能咬食生长点和嫩根，导致整株死亡或影响正常生长。地老虎 1 年发生 3～5 代，4～5 月份为害最烈，5～6 月份化蛹，一般以蛹或老熟幼虫在土中越冬。

(2)防治措施 一是清除杂草，深翻土地时，放家禽捕虫。二是人工捕捉幼虫，于清晨在断口周围或沿残留在洞口的被害枝蔓叶，将土拨开 3～5 厘米，寻找幼虫，捕杀之。三是毒饵诱杀，在幼苗出土前，用柔嫩、多汁、耐干的青草、酸模、旋花等，切成 3～4 厘米碎段，拌以 90%晶体敌百虫 500～800 倍液，在傍晚均匀撒入园内，或分小堆撒于田间诱杀之。

3. 线虫　迄今发现和报道的猕猴桃线虫病害仅有猕猴桃根结线虫病。

(1)生活习性及危害症状　猕猴桃根结线虫病在我国南方种植区发生较多。地下根系危害症状初期为根系上生有结节，外观根皮颜色正常，大结节表面粗糙，后期结节及附近根系均腐烂，变成黑褐色，解剖腐烂结节，可见乳白色、梨形或柠檬形线虫。植株感染线虫后地上部的表现为植株矮小，枝蔓、叶黄化衰弱，叶、果小易落。其致病线虫有 3 种，一种为北方根结线虫(*Meloidogyne hapla*)，报道于新西兰；另 2 种为南方根结线虫(*M. incognita*)和花生根结线虫(*M. arenaria*)，报道于湖南、湖北两省，河南局部和苍溪也发现苗圃感染。

(2)防治措施　一是加强苗木检疫，不让带虫苗流通，不栽带虫苗。二是选用抗线虫野生猕猴桃种类作砧木，如软枣猕猴桃，并且苗圃不连作。三是结果园发现根结线虫，用 10%克线磷或克线丹，每 667 平方米 3～5 千克，树冠下全面锄搂沟施，或深翻，深度 5～50 厘米，严重者每 3 个月施 1 次，每次 1～4 千克。最新高效低毒农药丁硫克百威(氨基甲酸酯类)3 000～4 000 倍液浇灌。四是既环保又能从根本上铲除线虫危害的办法为，挖除烧毁带病株，倒茬不感染线虫的禾本科草本作物，利用生物生态防治法来根除线虫的发生。

三、病虫害生物防治和综合防治

农药的污染和病虫害对农药的抗性不断形成，人类间接的摄入使得癌症、中毒症不断上升，健康受到不断的威胁，迫使人们寻找其他解决途径。新西兰出口猕猴桃园每年喷12次药。我国猕猴桃园病虫害发生不严重，不必如此多次喷农药。其病虫害的防治，要建立在化学防治、生物防治、农业防治、人工防治、多种病虫综合防治的基础上，并在达到一定的病情和虫情指数后再防治。只有做到这一点，才能将猕猴桃绿色保健水果的美誉保持下去。

目前认为，生物防治和综合防治为既防治病虫害，又保护生态环境的最佳出路。

(一)病虫害生物防治

长期使用化学药剂治虫治病容易使病虫形成抗药性，使药效降低甚至无效。用生物或生物的产物防治病虫称为生物防治。其不污染环境，对人、畜安全，正在越来越多的提倡和应用。生物防治包括以虫治虫、以昆虫病原微生物及其产物防治病虫、食虫动物治虫、生物绝育治虫、昆虫激素治虫和基因工程防治病虫等。

1. 以虫治虫 以虫治虫包括以下3个方面的内容。

(1)保护天敌 保护天敌的措施有：①探索天敌的生活规律，为天敌建设繁衍地或场所，冬季不刮树干基部老树皮，或秋季在树干基部绑缚草秸，诱集天敌越冬。自然状态下的害虫天敌很多，辽宁省果树研究所在未打药成龄苹果园调查得知，树干基部越冬天敌占害虫总数的40.5%～86.6%，害虫仅占总虫数的8.2%～33.4%。益虫的种类很多，已报道的有10多种螳螂、100多种寄生蜂(姬小蜂55种、金小蜂37种、小茧蜂36种、姬蜂34种)、3种瓢虫、30多种蜘蛛，以及蜻蜓等。②合理使用农药，选对主要害虫杀伤力大，而对天敌毒性较小的农药种类，在天敌数量较少或天敌抗药力较强的虫态阶段(如蛹期)喷药；或在果园内分区施药，可降低对天敌的危害。严格禁止使用对天敌杀伤力强的广谱性农药，如1059、1605、敌杀死、敌百虫、敌敌畏、乐果等。不用这类强毒性农药，可以保护一部分天敌，对保持昆虫的生态平衡有益。

(2)引进天敌 弥补当地天敌的不足。

(3)人工繁殖天敌 适时释放。

2. 利用昆虫病原微生物及其产物防治病虫 昆虫病原微生物包括细菌、真菌、病毒、类病毒、类菌原体、线虫等。成功的例子有：用苏云金杆菌感染鞘翅目昆虫中肠组织，使其发生病变致死；用白僵菌、青虫菌等，均可侵染蛾类幼虫，使其失去生命力；用K84菌等防治根癌病；用弱病毒株系预先感染植物体使其对强病毒株系产生抗性；将具有杀虫力的Bt基因和天蚕素基因转入植物体并得到表达，使植物本身对害虫产生杀伤作用；用性引诱剂诱杀害虫或破坏害虫的繁衍系统；以及用农用灰黄霉素、土霉素、链霉素，防治花腐病等细菌病害等。

3. 以食虫动物治虫 食虫动物主要包括益鸟和禽类。如啄木鸟、绍山雀、画眉、黄鹂、大杜鹃、山鸡、鸡、鸭、鹅等。

4. 生物绝育降低虫口基数 用^{60}Co等辐射诱变害虫不育，减少林地环境中的害虫虫口基数。

(二)病虫害综合防治

综合防治包括农业防治、物理防治、化学防治和生物防治。农业防治措施主要是及时清园，清理病虫枝蔓，减少病虫害的产生源；合理倒茬，避免病虫害的继续蔓延。生物防治是充分利用生态的有益物种资源来控制对人类生存有害的物种资源。物理防治是利用自然之温、光、热力等资源对环境中的病虫害加以干预。而化学防治因化学污染之因，只有在上述3种措施效力不足时作为补救措施，注意化学防治的病虫指征，低于规定的虫口基数和病症指数则不要盲目用药。四者的主次关系为以农业防治为主，生物防治、物理防治为辅，化学防治为补。

农业防治工作做得好的猕猴桃果园，一般不发生大面积病虫害。同时合理修剪，园地通风透光良好，树体负载量适宜，地力、肥水充足，是减少病虫害大发生的基础。超载郁闭的猕猴桃园，纵然在病虫害防治上狠下工夫，也难以达到理想的防治目的，免除不了病虫害的大发生。为了使大家更方便地实施病虫害防治工作，特根据各地的病虫害防治情况，附录上猕猴桃周年管理工作历、常用杀虫剂，供在实际应用时参考。并将国际上出口猕猴桃的农药检测标准介绍给大家，以引起对农药残留问题的重视，从而为我国的猕猴桃果品出口奠定基础。猕猴桃园病虫防治历见表 8-1。

表 8-1 猕猴桃园病虫防治历

季节或物候期	防治内容与主要措施
落叶前	增施有机肥，树干和大枝用石灰水涂白后，绑草秸护理根颈部
休眠期	剪除病残死枝蔓，清洁果园，集中烧毁或深埋沤肥，老园刮治腐烂病斑
萌芽前 15～20 天	全园彻底喷布 1 次 3～5 波美度石硫合剂
萌芽后	全园喷布 1 次 0.3～0.5 波美度石硫合剂
开花前	普喷 1 遍 0.3～0.5 波美度石硫合剂，人工捕捉金龟子，枝杈处挖天牛幼虫，安装黑光灯诱杀害虫
谢花后	喷施甲基托布津溶液，人工捕捉金龟子，释放天敌
果实膨大期	换选上述杀菌剂喷 1 次，有虫害且达到防治指征时，加喷杀虫剂
采果前 1 个月	用甲基托布津或其他替代药喷雾 1 次，防治果实贮藏期真菌病害

四、主要自然灾害防御

对猕猴桃有害的自然灾害有大风暴雨、冰雹、夏季干热风、深秋至初冬的急剧大幅度降温和早霜、冬季－15℃以下的长时期持续低温和干冷风、干旱和倒春寒晚霜等。前面讲过，这些因素在建园选址时应该避免之。针对目前已建成园有遇到这些灾害，现将其防灾减灾的方法作以简介。

(一)冻　害

冻害也称为冷害和寒害。植物体发育的不同时期对极端温度的耐受性不同。休眠期对低温的耐受性较高，生长期较低。美味猕猴桃品种在冬季枝蔓进入充分休眠后，可耐－15℃以上的短期低温和－12℃以上的长时期持续低温；而萌芽后和落叶前仅能忍受－1.5℃的短期低温和－0.5℃的数天长时间低温。中华猕猴桃品种对低温的耐受能力略低于美味猕猴桃。各项耐受低温指标约比美味猕猴桃品种高1℃～2℃，即分别在生长季和休眠季可忍受0.5℃以上和－10℃以上的短期低温危害，以及1.5℃以上和－8℃以上的常期低温危害。

突然大幅度降温和超忍耐限度的低温对猕猴桃的危害，主要发生在晚秋初冬和早春，早春受害的几率更大些。早春的冻害主要表现为芽受冻，芽内器官不能正常发育，或已发育的器官变褐、死亡，导致芽不能正常萌发；晚霜引起萌发的嫩梢、幼叶初期成水渍状，随后变成黑色，死亡。深秋的冻害表现为来不及正常落叶的嫩梢、树叶干枯，变褐死亡，挂于树枝蔓上不脱落；未及时采摘的果实，因果柄不产生离层，难以采摘，摘后不通过后熟期，果实细胞不解离，始终硬而不能食用。休眠季节的冻害表现为枝干开裂，枝蔓失水，俗称抽梢或抽条，芽受冻发育不全，或表象活实质死亡，不能萌发。温度指标不是惟一的冻害决定因素。有时候虽然温度降低程度没有达到上述指标，但伴随有低湿度和大风，俗称“干冷风”，也会导致严重枝蔓失水干枯，抽条，或大枝干纵裂，甚者地上部死亡。

预防或减轻冻害发生的方法：目前天气预报的准确度越来越高，从而对农时的指导性也越来越强。在预报有大幅度降温时，可采取以下措施预防或减轻冻害的发生。一是向树体上喷水，水在凝结时释放的热量可以缓解局部降温的急剧性，凝结后可起到外衣的作用。此方法适合于水凝结点0℃以下的急剧降温情况。陕西省周至县果农用22时至凌晨4时连续喷水的措施，成功防御了－3℃的萌芽期倒春寒。二是果园熏烟，用烟雾本身释放的热量，和弥漫的烟雾作凝结核，促进空气里的水汽凝结所释放的热量，缓解局部降温的急剧性。此法应用得比较普遍。注意熏烟时不能起明火。陕西在由烟煤做的煤球材料中，加入废油，使得煤球可用火迅速点燃，但不起明火，用于防霜冻时的急用，每棵树下放置一个可置3块煤球的煤炉，夜间23时点燃，正好保持到天亮，防霜冻效果很好。三是喷防冻剂，科学的发展已为解决冻害问题开创了新路。已报道的防冻剂有螯合盐制剂、乳油乳胶制剂、高分子液化可降解塑料制剂和生物制剂。有望在不久的将来彻底解决冻害问题。以上熏烟、喷水和防冻剂3种方法，在应用时注意一定要在冻害来临前进行，否则起不到应有的作用。一般日温最低的时间段为夜间3～4时，故上述措施应在夜间22时至凌晨1时就要开始进行，否则收效难以保证。四是在深秋用石灰水将树干和大枝蔓涂白，或用稻草、麦秸等秸秆将树干包裹好，外包塑料膜，或两者并用。注意特别要将树的根颈部包严，培土可以有效地防止冻害发生。特别寒冷的地方，如吉林，定植后不久的幼树，甚至大树都要下架埋土防寒。五是秦岭淮河连线及其以南栽培区，入冬后灌水即可防寒。水的热容量大，增加土壤中的水分也就增加了土壤中保存的热量，其热量可缓解急剧降温的不良影响。六是栽植抗寒品种或用抗寒性砧木嫁接栽培品种，其砧木所产生的抗寒性物质输导到品种组织后，能够影响和提高品种的抗寒性。目前发现的抗寒砧木有软枣猕猴桃、狗枣猕猴桃和葛枣猕猴桃，以软枣猕猴桃应用较多，但主要用于软枣品种，其嫁接中华猕猴桃和美味猕猴桃亲和性不好，生长势很弱。

(二)干热风和沙尘暴

1. 干热风　猕猴桃枝蔓脆,叶子表面缺乏角质层,怕风,更怕干热风。干热风有 3 个指标,即气温 30℃以上,空气相对湿度 30%以下,风速 30 米/秒以上。3 个指标中,30℃以上高温对猕猴桃生长不利,但不至于对猕猴桃的枝蔓影响特别大,而另 2 个因子均为猕猴桃生长环境所忌讳的。三者加起来,就会导致猕猴桃失水过度,新梢、叶、果实萎蔫,果实表面发生日灼,叶缘干枯反卷,严重时脱落。事实证明,北方 6 月份的干热风每次都给猕猴桃园造成了极大的危害,如果没有有效的防范措施,其将成为我国华北、华中、华东平原地区发展猕猴桃的一个重要限制因子。

预防和降低干热风危害的措施有:一是干热风预报将要来临前 1～3 天进行 1 次果园灌水,让树体在干热风到来之际有良好的水分状态,土壤和根系处于良好的供水和吸水状态。有条件的地方,干热风来临时,进行果园喷水。如果能做到这两点,即可杜绝干热风的危害。二是没有喷水条件的,树上挂鲜草,鲜草的遮荫作用和干化过程中,可以缓解果园内高温、低湿、高风速的不良环境状态。还可在果园迎风面的防护林上树立塑料膜或草秸等风障,减低风速。三是喷布防旱剂,目前农作物棉花上已经开始应用一些螯合盐制剂、乳油乳胶制剂和液化可降解塑料制剂来防范和降低干旱的危害,这一措施也可以在猕猴桃上一试。四是在常发生干热风的地区,采取果园间作和果园生草栽培模式,可以有效地改善果园的小气候,提高湿度,降温,缓解干热风的危害。如果所有陆地表面都被有绿色植被,干热风就很少发生了。

2. 沙尘暴　沙尘暴主要发生在北方的春季,其危害主要是对枝叶造成损伤,并在叶面上留下厚厚的浮尘,影响光合作用。高大的防风林是最有效的防护措施。因而,建园时一定不要省略这一设计。另外,沙尘暴后及时喷水冲刷掉浮尘。

(三)暴风雨和冰雹

暴风雨和冰雹的危害主要是使嫩枝折断,叶片破碎或脱落,不能为树体制造赖以生存和结果的碳水化合物,导致当年和翌年的花量和产量减少。严重时刮落或打烂果实,或使果实因风吹摆动擦伤,失去商品价值。

农谚说"暴雨一小片,雹打一条线",说明这2项自然灾害的发生有一定的规律,还是可以在一定程度上预防的。预防首先在于建园前的选址工作。自然界的大气流运动有一定的规律,冷暖气团急剧相遇引起暴风雨和冰雹。气团的运动除了受季风的影响以外,还受地面上水域,山脉,甚至小生态环境的影响,所以其发生的地域有一定的固定性。建园时一定要避开这些会引起麻烦的地区。其次,已经在时常有暴风雨和冰雹发生的地区建园,生长季要特别注意当地的天气预报。这些果园所在地的行政组织应组织安装或调配防暴雨、防雹设施,如火炮等。

(四)日　灼

按照本标准化栽培模式,采用大棚架的果园,一般不会发生果实和枝蔓的日灼病。但是在"T"形架情况下,有时候有果实外露现象,时有日灼发生。猕猴桃果实怕直射的强烈日光,如果在5～9月份,未将果实套袋或遮荫,直接暴晒在阳光下,就会发生日灼。症状为果肩部皮色变深,皮下果肉变褐不发育,形成凹陷坑,有时有开裂现象,病部易继发感染炭疽等真菌病。预防的措施为从幼果期开始,对果实进行套袋遮荫,以降低日灼的发生率,提高商品果率。

(五)涝　灾

在按照本标准化建园情况下,除非整个地域全部沉浸在水里的情况发生,才会出现果园涝灾,一般情况下,其设置的排水系统足以防范果园积水。涝灾有2种情况，一种为暴风雨，另一种为连阴雨。暴风雨造成的灾害已在本节之(三)暴风雨与冰雹中叙述过，在此仅就连阴雨造成的危害作以介绍。

连阴雨引起土壤墒情过高和空气湿度过大，前者引起根系呼吸不良，容易发生根腐病，长期渍水后叶片黄化早落，严重时植株死亡；后者引起病害加重，裂果。特别在幼果期久旱，而膨大期遇连阴雨，裂果常有发生。

预防措施为干旱时注意灌水，使树体保持在一个较稳定的水分状态下，从而避免时而缺水，时而过度吸胀对生长的不良影响，而水涝时一定要做好排水工作。

思考题

1. 猕猴桃的主要病害有哪些？
2. 猕猴桃的主要害虫有哪些？
3. 猕猴桃的自然灾害有哪些？主要防御措施有哪些？
4. 猕猴桃的生理病害有哪些？

第九章　猕猴桃采收、采后处理与贮藏

一、采　收

猕猴桃果实成熟期分为3个阶段：采收成熟期（即生理成熟期），生理后熟期和食用期。果实采收到商品化，包括采收期的确定、采收、分级和包装4个环节。

（一）采收期的确定

科学地讲，采收期确定主要依据果实内部糖、酸、维生素C、氨基酸、蛋白质等生化物（即可溶性固形物）含量。新西兰规定，美味猕猴桃品种中可溶性固形物含量达到6.2%以上时，方可采收。我国的猕猴桃采收指标也为6.2%，在增加猕猴桃果品的市场竞争力的同时，保证果品的贮藏性能。

（二）采　收

1. 采前准备　采果之前必须做好充分的准备，以利于整个采后程序的顺利进行。首先随时实地检测果实成熟指标，未达到指标的不能采收。其次对采收人员进行培训，使之了解猕猴桃的生理特性及其采收质量对采后处理的影响；还应准备好各种采收、包装器具和运输工具，如采果袋（篮子）、果箱、运果车辆等。最后还需指定专人从事采收、包装、运输的组织管理工作，保证鲜果具有良好的采后质量。

果实采收注意以下10点：一是采收前15天内果园不能喷任何农药、化肥和其他化学制剂。采前5天内果园不能灌水。二是不能在雨后或晨露中果实表面水未干时采收。三是采果人员必须剪指甲，带软质手套。四是果筐、果箱内必须加软质内衬，如草秸、纸垫、棉胎等。五是采摘时先将果实向上推，然后轻轻回拉，使其自然脱落。六是分品种采摘，或分品种放置，不能混在一起。七是分级采摘，先采大果，其次采中果，再摘小果，最后当上级别果实全采完后，扫清不能销售的病、虫、残、次、畸形果。减轻分级工作量和节省时间，避免大量分级时果实之间的多次摩擦与碰撞。八是采摘后必须在24小时内分级包装完毕入冷库。来不及分级包装的果实，连同运果筐一起入冷库或预冷房进行预冷。九是采摘、运输、分级、包装过程中，尽量减少倒筐、倒箱次数，减少不必要的摩擦和损伤。十是运载工具不要用拖拉机，并注意提前修平道路，非水泥、柏油路上减速缓行。

2. 采收标准 采后目的不同，采收时所需要的可溶性固形物的含量也不同，对用于贮藏和远销的果实，采收时一般可溶性固形物含量6.2%；若以短期贮存或就地销售鲜果为目的，采收的可溶性固形物的含量可提高到8%以上，这种猕猴桃软熟后的品质更佳，风味更浓，但不耐久藏。

3. 采果 整个采收技术的关键是尽量避免一切机械损伤，保证果实完整无损，为达这一目的，在采收前应对采收人员进行基本操作技能训练，并准备好必要的采果袋、采果篮、果盘、运输工具等。采果袋是猕猴桃采收的重要工具之一，它由椭圆形金属环、背带和帆布袋3部分组成。金属环直径35厘米左右，帆布袋长60～80厘米，背带根据采果人员的高低自行掌握，以方便操作为好。采果时将布袋向上折叠，用铁钩将布袋挂在金属圆环的两侧。装满果后，取下铁钩，帆布袋的底部自动落入箱内，果实被装入箱中。这样处理可以大大减少果实的碰压伤，为下一步贮藏打下好的基础。

采收猕猴桃鲜果应注意以下事项：一是采收质量要求，以海沃德和秦美2个品种为例，供贮鲜果以果肉可溶性固形物含量

6.2%～8%时采收较为适宜，以立即鲜食为目的的指标要高，以贮藏后销售为目的达到最低标准后即可。单果重在 80～120 克，果形正常，果面无病虫害、无日灼、无机械损伤。采果顺序应先下后上，先外围后内膛，不得强拉硬拽，以免损伤枝条，影响翌年的产量。二是采果时必须坚持轻摘、轻放、轻装、轻运、轻卸，严防烈日暴晒、雨淋、鼠害等。采果容器内壁应衬垫柔软物品，以防损伤果实。三是阴雨天、露水天、浓雾天不得入园采果，高温的中午也应避开。四是对于“T”形架，不同植株或同一植株上不同位置的果实，有时不同时成熟，需要分别检测可溶性固形物含量，在采收时应分期分批进行采收，这样既可提高鲜果品质，又可提高产量，更有利于长期贮藏和增加收入。

二、采后果实处理

（一）标准化分级、包装与标志

1. 标准化分级

（1）鲜果采后的田间处理　采后的田间处理是猕猴桃鲜果向商品转化的开始，也是决定鲜果采后品质好坏和商品质量的基础。果实从树上摘下之后，一般直接卖给收购商的，都在田间进行初步分级和选果，并在通风阴凉处散发田间热，清除一切与销售无关的杂物及伤、残、病、劣、畸、污和腐果，同时还应贴好标签，做好记录。

（2）装箱和短途运输　果实采收之后在田间即应将其装入有孔木箱、塑料箱或硬质纸箱中，然后用人力或机动胶轮车将猕猴桃运至包装场，并保证在整个装卸和运输过程中不产生任何机械损伤。集中贮存或远途运输的鲜果，运到包装场后即可进行挑选、分装，然后再码垛入贮或装车；有些贮藏库采用直接入库贮藏，待出库时再行选果、分装，但是由于伤残果释放乙烯，会对正常果产生催熟效应，一般不要采取这种方式。

(3)包装场操作　猕猴桃和其他鲜果一样，大批量果实采后必须进入包装场操作，即除杂、分级、包装等。根据猕猴桃的果品特性和贮运要求，包装场操作由下列内容组成。

①去杂，即除去病、残、伤果和畸形果，以及不适于贮藏的其他等外果和杂物。

②根据猕猴桃的品种、大小和形状，准备好各种规格的果箱或单层果盘，箱盘的形状和规格应以方便贮运，有利于营销为目的。

(4)分级　猕猴桃的分级一般按重量，与按体积的差异不大。由于果品销售的全球化，目前我国制定的猕猴桃果品标准，已经与国际上接轨。详细规定情况如下。

①果面损伤：指由于自然、病虫、鸟、人为等外部因素造成的果面损伤。分为以下几种：一是轻微损伤，同一果实果面缺陷符合下列指标，且不超过 2 处。碰压伤(包括猕猴桃梗洼处果皮损伤)，伤口长度≤0.5 厘米。摩伤，伤口长度≤1 厘米。裂果，伤口长度≤0.5 厘米。病虫伤，伤口长度≤0.5 厘米。雹伤，伤口长度≤0.5 厘米。果锈或疮痂，总面积不得大于整个果面的 5%。耳突，长度≤0.2 厘米，数量≤1。纵线，长度≤1 厘米，数量≤1。二是中度损伤，同一果实轻微损伤 3～4 处，或者同一果实果面缺陷符合下列指标，且不超过 2 处。碰压伤，0.5 厘米＜伤口长度≤1 厘米。摩伤，1 厘米＜伤口长度≤1.5 厘米。裂果，0.5 厘米＜伤口长度≤1 厘米。病虫伤，0.5 厘米 ＜伤口长度≤1 厘米。雹伤，0.5 厘米＜伤口长度≤1 厘米。果锈或疮痂，5%＜总面积占整个果面≤10%。耳突，0.2 厘米＜长度≤0.4 厘米，1＜数量≤3。纵线，1 厘米 ＜长度≤3 厘米，1＜数量≤3。三是严重损伤，日灼；轻微损伤项目 4 处以上；或中度损伤 3～4 处；或同一果实任一果面缺陷符合下列指标。碰压伤，伤口长度＞1 厘米。摩伤，伤口长度＞1.5 厘米。裂果，伤口长度＞1 厘米。病虫伤，伤口长度＞1 厘米。雹

伤，伤口长度>1 厘米。果锈或疮痂，总面积占整个果面>10%。耳突，0.4 厘米 <长度≤0.6 厘米，3<数量≤5。纵线，3 厘米<长度≤5 厘米，3<数量≤5。

②容许度：在同一等级内，规定一个低于本等级质量的允许限度，以%表示。要求所有级别，需符合每个级别的规格，误差应该在要求范围内，并且遵循以下要求：达到规定的成熟度指标，足够的硬度，不软化、缩水或渍水；完好无损（没有果柄）；新鲜、清洁，无不正常外来水分和黏附物，大小整齐度一致性好，健康无病；不带任何害虫；不带任何害虫危害的痕迹；果形周正，无碰压伤、摩伤、裂果、病虫伤、雹伤等果面缺陷，去除双连果、扇形果；不过湿；无异味，包括无非猕猴桃的气味和口感。到达目的地时，果品状态良好，要能够成为可食的猕猴桃果品，能够经得住运输和周转。

③最低成熟度要求：猕猴桃果品要充分成熟，展现良好的成熟度；处于包装阶段的果品可溶性固形物含量不低于 6.2%，或者干物质含量不低于 15%，以保证进入批发零售阶段时，可溶性固形物含量在 9.5%以上。

④等级划分：果实等级划分标准见表 9-1。

表 9-1　猕猴桃果实外观等级标准

项目名称	等级		
	特　等	一　等	二　等
说明	这个级别的果品为最高级别的果品	这个级别的果品为不够上述级别的果品，但是可以达到上一级别的最低要求	这个级别的果品为不够上述级别的果品，但是可以达到上一级别的最低要求
果形	果形端正，赤道部横截面的最小直径与最大直径比例在 0.8 以上	果形端正，稍有变形，赤道部横截面的最小直径与最大直径比例在 0.7 以上	允许果形的缺陷，果形可稍有不端正，但不得有严重畸形果，赤道部横截面的最小直径与最大直径比例在 0.6 以上

续表 9-1

项目名称	等级		
	特　等	一　等	二　等
色泽	无红色果品必须色泽纯正，一致性好；着色品种必须每个果实均有至少 1/3 着本身的颜色、红色或紫红色	无红色果品必须色泽上允许轻微的变化；着色品种必须每个果实均有至少 1/4 着本身的颜色、红色或紫红色	允许果实色泽的缺陷。无红色果品可以色泽较正，一致性较好；着色品种果实约有 1/5 着本身的颜色、红色或紫红色
果品质量	果品质量必须特别好。必须发育完好，具有品种的所有特征特性和色泽	本级果品必须具有良好的果品质量。具有品种特性，具有足够的硬度，并且完全新鲜	果实有足够的硬度，果肉没有严重的损伤及缺陷
疵点	该级果品必须是没有疵点，或仅仅有轻微的表面疵点，但不影响果品的总体外观、贮藏性和销售外观及品质。不允许有耳突或纵线	在不影响总体果品质量，果实销售和包装后的整体外观的情况下，允许下列轻微损伤：果形上允许轻微的缺陷（不允许胀气果和变形果）；1～3 个小的海沃德纵向线条标志或小耳突	果实有足够的硬度，果肉没有严重的损伤及缺陷。允许有 3～5 条海沃德纵条纹以及 3～5 个耳突
损伤	不允许有损伤	总面积不超过 1 平方厘米的表皮损伤	在不影响总体果品质量，果实销售和包装后的整体外观的情况下，允许有下列轻微损伤，轻微的碰伤。果皮上具有小擦伤、愈合的小伤口、瘢痕等，总面积不能大于 2 平方厘米

⑤误差：本条款指出每个包装箱内允许出现的不符合质量和

规格要求的果品误差。有两种情况：一是质量误差。特级果，以数量或重量计，允许特级果箱中出现5%的一级果；一级果，以数量或重量计，允许一级果箱中出现5%的二级果；二级果，以数量或重量计，允许二级果箱中出现5%的一级果或低于二级的果品，但不允许出现由软腐病等病害引起的影响消费的果品。二是规格误差。对于所有级别，允许有5%的最低规格的果品，以数量或重量计均可。对于各级别的最低规格规定为特级果85克，一级果67克，二级果62克。

⑥规格：规格划分见表9-2。

表9-2　猕猴桃果实大小规格标准

<table>
<tr><th colspan="2">级　别</th><th rowspan="2">等级代码</th><th rowspan="2">每盘果个数</th><th rowspan="2">单果重（克）</th><th rowspan="2">平均单果重（克）</th><th rowspan="2">包　装</th><th rowspan="2">说　明</th></tr>
<tr><th>大果型</th><th>中小果型</th></tr>
<tr><td rowspan="5">特级
≥90克</td><td rowspan="5">毛花特级</td><td>AAAAA</td><td>25</td><td rowspan="5">≥90</td><td>140.0</td><td rowspan="9">大盘包装</td><td rowspan="3">中华、美味</td></tr>
<tr><td>AAAA</td><td>27</td><td>129.6</td></tr>
<tr><td>AAA</td><td>30</td><td>116.7</td></tr>
<tr><td>AA</td><td>33</td><td>106.7</td><td rowspan="4">中华、美味、毛花</td></tr>
<tr><td>A</td><td>36</td><td>97.2</td></tr>
<tr><td rowspan="3">一级
89～70克</td><td rowspan="3">毛花一级</td><td>B</td><td>39</td><td>89～85</td><td>89.7</td></tr>
<tr><td>C</td><td>42</td><td>84～80</td><td>83.3</td></tr>
<tr><td>D</td><td>46</td><td>79～70</td><td>76.0</td><td>中华、毛花</td></tr>
<tr><td rowspan="2">二级</td><td rowspan="2">毛花二级</td><td>E</td><td>51</td><td>69～60</td><td>68.0</td><td rowspan="2">毛花、软枣、河南</td></tr>
<tr><td>F</td><td rowspan="4">待定</td><td>59～45</td><td rowspan="4">待定</td><td rowspan="4">小盒包装</td></tr>
<tr><td rowspan="3">三级</td><td>小果特级</td><td>G</td><td>44～30</td><td rowspan="3">软枣、河南</td></tr>
<tr><td>小果一级</td><td>H</td><td>29～15</td></tr>
<tr><td>小果二级</td><td>I</td><td></td></tr>
</table>

⑦单果重允许误差范围：各等级不符合单果重规定范围的邻

级果实不得超过 5%。每包装箱中的最大果品和最小果品的差异不要太大;60 克以下的果品重量差异不要大于 8 克;60～85 克以下的果品重量差异不要大于 10 克;85～120 克的果品重量大小差异不要大于 15 克;120～150 克的果品重量大小差异不要大于 20 克;150 克以上的果品重量大小差异不要大于 40 克。

⑧检验分为 3 个方面:一是抽样方法。50 件以内的抽取 2 件,51～100 件的抽取 3 件,100 件以上者以 100 件抽取 3 件为基数,每增加 100 件增抽 1 件,不足 100 件者以 100 件计。二是检验批次。同品种,同等级,同一批作为一个检验批次。三是检验方法。各等级容许度允许的串等果只能是邻级果,容许度的测定以全部抽检样品的平均数计算,容许度规定的百分率一般以重量为基准计算,如包装上标有果个数,则应以果个数为基准计算。每个果实应同时根据其外观等级标准和大小规格标准进行分级。

(5)分级方法　现在机械分级,以重量为标准,从小到大依次排列,果实通过时,依次从大到小落入不同级别的槽中,进入下面的果箱中。人工分级所持分级孔板较小,上面有不同级别的孔眼各 1～2 个,一手持分级孔板,一手将果实试孔,操作较慢。但人工分级有 2 大优点:其一是可先进行目测分级,目测拿不准的再进行试孔分级;其二是人工操作拿放轻盈,二者均减少了果实的摩擦碰撞和果面损伤。现代化的分拣包装间、分拣线和检查伤残果则采用果实光学检测探头,见图 9-1。

我国目前以人工分级为主要方式。分级工作最好在入库前完成。所以,应根据人力的多少,安排每天的采果量,做到当天采果,当天分级,24 小时内入库。这样对提高果实的贮藏性和延长商品果的货架期非常有益。猕猴桃鲜果在包装之前一般不需脱毛。如遇个别多毛品种需进行脱毛处理,可在分级之前通过滚动毛刷将部分绒毛去掉。然后通过重量分级,自动或用人工将果品放入不同的包装容器中。但是应该指出的是,脱毛处理往往降低果实的

图 9-1 现代化的分拣包装间、分拣线和果实光学检测探头

贮藏性能。包装场必须组织严密,工作有序,果实经采收、分级、包装,直至入库降温,全部操作过程应在 2 天之内完成,24 小时内完成最好。

2. 包装与标志

(1)包装 猕猴桃包装箱要有一定的抗压强度,有一定的保湿性能,包装材料对气体有选择透性,包装不宜太大,或大包装套小包装;要有注册商标、价位、果实的规格(等级)、重量、数量、品种名称、生产者的名称、产地、经营单位、出库期、保质期、食用法、营养价值、安全性、联系电话等。具体如下。

①包装容器必须坚固耐用,清洁卫生,干燥无异味,内外均无刺伤果实的尖突物,并有合适的通气孔,对产品具有良好的保护作用。包装内不得混有杂物。包装材料及制备标记应无毒性。包装箱内的果品必须具有果品来源、品种和规格的一致性;可视部分的果品必须代表整个箱内的果品质量和规格。包装必须保证果品的安全妥善;包装箱内的材料必须是新的、洁净的,并且对果品不造成任何

损害,特别是包装用纸、标签、印记等所用的材料,墨水、胶等,均为无毒的。果品上的粘着物,必须做到去掉时,既不留下痕迹,又不撕伤果皮。包装内不能有任何外来异物,特级果必须整齐地单个排放于一层,其他级别果品,尽量整齐地单个排放于一层。

②外销猕猴桃果实的包装为托盘式。托盘由木板、硬纸板或硬塑料板制成10～15厘米深的托盘,里面衬以薄塑料或纸果盘,果盘为预先按不同级别果实大小和数量压好果窝、排列整齐的四方形凹凸板,装果时再铺以聚乙烯薄膜袋,将果品隔袋整齐一致地平放到每个果窝里,最后再盖上瓦楞纸和硬纸板制成的双层盘盖。目前我国猕猴桃的包装也多为小型纸箱、单层托盘或包装盒,也有塑料袋或纸袋等简易包装的。无论采用何种包装形式,都应以有利于流通、方便消费者为前提。如新西兰的外销包装,不仅根据客户要求精心制作了盒式托盘,而且还印有精美的简要说明和营养成分介绍,供消费者参考。

(2)标志 基本要求为外包装应有标志。标志内容应容易理解,文字简明,图案醒目。基本内容包括产品名称、品种名称、商标、等级和规格、果实毛重、果实净重(或果实数量)、产地或企业名称、包装日期、质检人员。

①商标:每个包装箱必须在同一侧标好商标,商标要易读、不易脱落,而且容易从外面看见。

②身份:包装者和调度的名称和地址,或者官方等级的条形码等。

③果品名称:如果果品包装不能从外面看见的话,要注明猕猴桃、kiwifruit、actinidia 等字样。

④注明品种:果品来源,指明果品原产地所在,包括国家、省市县和乡村组到生产者姓名。

⑤商业特性:级别、规格、最大和最小单果重、果品数量(可选项)、特级果尽量列出,官方注册商标(可选项)。另外,周转集装箱

上是否需要商标，要根据消费国的要求来定，否则需在货物周转过程的集装箱上也要标明。有些国家法律规定要求明确的姓名和地址；在使用条形码情况下，包装商和周转商（或其缩写）均要在条形码上注明。

（二）果实运输和销售

1. 果实运输 运输是我国猕猴桃流通领域的一个薄弱环节，因此，大力发展以重载卡车为基础的低温减震，最好带气调运输，对猕猴桃的远程流通是非常必要的。力争尽快实现猕猴桃鲜果流通的冷藏贮运链，将预冷、贮藏、分级、包装、运输、销售等诸多环节全部置于低温环境之中，以最大限度地保持猕猴桃的品质。

从果园到包装厂（场），从包装厂（场）到贮藏库，以及从贮藏库到销售地都须经过远输。入库前运输，特别是从田间到包装厂（场）的运输不能用拖拉机。此阶段果实散装，道路不平整，会使果实间碰撞和摩擦，造成损伤。田间土路，应以人力挑运为主，且要轻起轻放。柏油、水泥路上用电动车或电瓶车低速运输，以防乙烯污染。出库后运输，一般为长途运输。最好采用集装箱和冷藏车（或冷藏船）运输（图 9-2）。

图 9-2 果实运输

2. 果品销售 果实销售分内销和外销，入关以后内外销差异不大，也分为批发与零售。这里仅对其作一梗概介绍。

销售市场的开拓目前主要有以下5种销售形式：第一，建立自己的网站，上网销售，在网上设立账户，网上做交易后送货上门。网上交易目前没有国界限制，是将产品推向世界的最简捷的途径。诸如意向、协议、委托、信用、交易、付款等环节，都可以在网上完成。甚至交货也可在网上办理委托。第二，可以与国内大中城市果品公司、企事业单位、宾馆、大型综合商场、商贩等联系合同收购，或建立定期、不定期供货关系。第三，在大中城市能提供销售场地的批发市场联系货位，自己组织运输和销售。第四，在各种广播、电视台做广告宣传。并在各大城市和人口密集地方设立推销供货站，有求必应，并负责售后服务。第五，与国外的公司直接联系出口；或者以县、地区为单位，自己组织出口。现在各级政府对于出口均给予大力支持，鼓励个人或单位直接对外贸易。

（三）果实贮藏

果实成熟有其季节性，但对于货架期短的鲜果，成熟期集中投放市场，必然导致低价倾销或销而不畅。所以贮藏保鲜十分必要。有了贮藏手段，就可以人为控制鲜果上市时间。贮藏包括预冷和贮藏2个阶段。

1. 预冷 预冷就是在果实进入贮藏、运输或加工前，物理降温，除去果实田间热，使其温度迅速冷却至0℃左右的过程。预冷处理，对于提高果品的耐贮运性很有益处。预冷方式有气冷、风冷和水冷3种。其中气冷又分为冷气预冷和冷库预冷。以冷气预冷效果最好，用得最普遍。

（1）气 冷

①冷气预冷：冷气预冷的工作原理为将装有果实的大果箱放入密闭的预冷间，彼此间留有小间隔，然后从预冷间的一边通入0℃～1℃冷气（注意－5℃以下即可出现果实冻害），从相对的方向

端抽去热空气，气流上下垂直运动也行，使冷空气从托盘间经过，带走热量。在气流量为 0.75 升/秒·千克果时，将大果箱上果盘里的温度从室温降至 2℃左右，约需 8 小时，而在常规冷库中需 7～10 天。

②冷库预冷：将包装好的果实入冷库在 1℃贮藏 24 小时后再转到 0℃贮藏。由于预冷和贮藏都在同一库内进行，温差小，冷热空气对流压力小，因而效率不高。

（2）水冷　将果实放入 0.5℃水中冷却，冷水以 7～10 升/秒·米^2 的流量流动，大约 25 分钟就能使果实温度从 20℃降至 1℃。本法优点为效率高，且在预冷过程中果实没有水分损失（其他方法约损失 0.5%）；缺点为果实在包装前需要风干，若带水包装，容易使果面上的病菌孢子萌发，引起贮藏期病害，并且湿果影响外观。水冷常与风冷结合应用。

（3）风冷　在果实包装线的输送带上设一冷气槽，用 0℃～1℃冷空气，以 3～4 米/秒速度从槽中流过，从而冷却输送带上未包装果实或已入盘但未加盖的果实。此法一般可以在 30 分钟内使果实冷却至 1℃左右。

我国农村目前还没有专门的预冷设备，一般利用自然冷源，如防空洞、窑洞昼夜的温差，再加上抽风机等，也能起到一定的预冷效果。

2. 贮藏保鲜　果实为一个活体，从树上采摘下来以后，仍然进行着呼吸、营养物质转化等一系列生理生化活动，即处在后熟阶段。贮藏的目的就是通过人工控制，尽量减缓果实的后熟过程，从而延长和调节鲜果的市场供应时间。贮藏的原理是为果实提供一个维持最低生命活动的环境。影响猕猴桃果实贮藏的主要因素有温度、空气相对湿度、氧气、二氧化碳和乙烯含量。其中低温、低氧、低乙烯和高二氧化碳浓度主要起抑制果实呼吸和生命活动作用；而高水平空气相对湿度能使果实保持新鲜。贮藏方法有气调冷藏、冷藏、通风库贮藏、地窖贮藏、聚乙烯薄膜加保鲜剂贮藏等。以气调贮藏为好，冷藏次之。下面分别介绍之。

(1)气调贮藏　气调贮藏是在冷藏的基础上，把果蔬放在特殊的密封库房内，同时改变贮藏环境的气体成分的一种贮藏方法。生物、化学、机械建筑、电子和自动控制于一体，对鲜果贮藏的全过程进行调控，从而达到长时间贮藏保鲜和改善贮后品质的目的。在贮藏过程中适当降低温度、控制空气相对湿度、减少氧气含量、提高二氧化碳浓度，可以大幅度降低果实的呼吸强度和自我消耗，抑制催熟激素乙烯的生成，延缓果实的衰老进程，达到长期鲜藏的目的。目前国际市场上的优质猕猴桃鲜果几乎全都采用了气调保鲜技术。

(2)冷藏　冷库贮藏是在有良好隔热保温层的库房中装制冷降温设备的一种贮藏方法，是目前我国猕猴桃和其他果蔬贮藏的一种较好的贮存方式。猕猴桃的最适贮藏温度一般是0℃左右，空气相对湿度为90％～98％。在果实出库上市时，如果库外温度过高，果实表面会出现凝结水珠，容易引起腐烂，可采用逐步升温的办法，使果实在高于库温并低于气温的缓冲间(或预冷间)中先放一段时间，然后再出库上市，即可避免上述现象发生。

思考题

1. 猕猴桃采收的注意事项有哪些?
2. 采后处理包括哪些环节?
3. 猕猴桃的最佳贮藏条件是什么?

第十章　猕猴桃园艺工的劳动定额及考核指标

一、猕猴桃苗木繁育劳动定额及考核指标

(一)猕猴桃苗圃田间管理劳动定额及考核指标

1. 苗圃田间管理劳动定额　包括种子沙藏、催芽、圃地土水肥管理、病虫害防治等常规性工作,劳动定额因自动化、机械化配置水平差异较大。如果田间浇水和喷药管道系统完备,操作自动化程度较高,约13 340平方米(20亩)苗圃设置1名管理人员;如果全靠人工操作,没有任何自动化设备,约3 336平方米(5亩)苗圃设置1名管理人员。

考核指标:苗木生长健壮,病虫没有造成影响苗木质量的危害,无早期落叶。每667平方米培育苗量为计划育苗量的±6%左右。砧木苗到秋季嫁接时95%以上能达到嫁接粗度的要求,80%以上的苗木达到一级质量标准。

2. 砧木苗移栽劳动定额　指从苗床移栽到苗圃。包括起苗、运苗、开沟、栽苗、浇水等工序,一般需2人以上配合作业,人员多少根据苗量、运输距离、栽苗时间限制等因素而定,平均每人每工作日可移栽小苗800～1 200株。

考核指标:苗木栽植株间距、行间距均匀一致,且符合标准。培土深浅一致,符合规定。苗体不歪,苗木移栽成活率98%以上。

3. 苗木嫁接劳动定额　带木质部芽接每人每工作日嫁接800～1 000株;小苗劈接每人每工作日嫁接400～500株。

考核指标：接穗（接芽）削口与砧木刀口基本对应，形成层对应，绑缚紧实。嫁接成活率95%以上。

4. 苗木出圃劳动定额　需要2～3人合作，包括挖苗、分级、捆绑、临时假植等工作。平均每人每工作日挖苗800～1 200株。

考核指标：苗木根系较为完整，基本没有折断苗，苗木无损伤；分级严格，每个级别中不合格苗木低于5%，苗捆扎绑结实。苗木损折率低于0.5%。

（二）猕猴桃工厂化育苗劳动定额及考核指标

1. 组培育苗劳动定额　1个快繁组培室从培养基配制到试管苗扩繁生根，需要几个人员配合作业。一般每组6人，1人配制培养基，1人洗涤培养皿等用品和消毒，4人进行组培苗转接。

考核指标：每年可繁殖组培生根苗30万株左右。每苗生根3条以上、高4厘米以上、叶3片以上，不黄化，不徒长，生长健壮的组培苗率达95%以上。

2. 温室管理劳动定额　包括组培苗移栽及苗木移栽后在温室内生长期的所有管理。

一般年生产50万株苗木的自动控温、浇水的大型温室，满额生产时需要3～4人。1个年生产3万～4万株的普通温室，设1人管理。

考核指标：苗木移栽成活率90%以上，叶片浓绿、生长健壮；无黄化苗，无病虫害。

二、猕猴桃园管理劳动定额及考核指标

（一）猕猴桃园建立劳动定额及考核指标

1. 挖定植沟（坑）劳动定额　人工挖宽、深均为1米左右的定

植沟(坑),平均每人每工作日挖土 10～30 立方米。沙壤土用工量少,黏土、未耕作过的土层用工量大;挖掘机每小时挖沟 150 米,或坑 30 个。

考核指标:定植沟(坑)的深度和沟(坑)上、下宽度均能达到标准。定植沟(坑)的沟宽、深度误差率在±2 厘米范围内。坑距按规定分布均匀,横竖成行。

2. 填埋定植沟(坑)劳动定额 回填定植沟(坑)时,同时要填草和肥料,需要 2 人合作。填埋宽、深均为 1 米左右的定植沟(坑),平均每人每工作日填埋 30～40 米。

考核指标:回填定植沟(坑)时,肥料和土要混合均匀,回填的土要高出原地面 15 厘米左右,沟两边或坑四周要做高于地面 30 厘米左右的土埂,以便于浇水。

3. 苗木定植劳动定额 苗木定植需 2 人一组合作进行,平均每人每工作日定植 30～100 株。浇水方便的栽苗多,浇水不方便的栽苗少。

考核指标:树苗定植后,栽苗深度比较一致,且符合技术操作规程,根系向下舒展,埋土踏实,定植点不偏,横竖成行。浇水充足,水下渗要达到 30 厘米左右。浇水后栽植的苗歪倒率低于 2%,苗木定植成活率达到 95%以上(苗木质量因素除外)。

(二)幼龄猕猴桃园管理劳动定额及考核指标

幼龄猕猴桃园管理劳动定额:除草、喷药、浇水、挖沟扩穴机械化和自动化程度高的猕猴桃园幼树管理,日常管理每 13 340 平方米设置 1 人管理,仅 2～3 年生果园在冬季修剪时增设 1 人,喷药时增加 3 人。机械化、自动化程度低的每 6 667 平方米设置 1 人管理。2～3 年生果园喷药时增加 3 人,冬季修剪时增设 1 人。管理水平低的猕猴桃园,2～3 年生果园在春季拉枝开角时增设 1 人,冬季修剪时增设 2 人。

考核指标:施肥、浇水、病虫害防治、夏季修剪及时。各主枝开角70°以上,80%以上的新梢有二次生长,树体生长健壮;没有缺素症,允许有少量病虫害,但不能造成危害,大量落叶期在霜降前后。树冠下长年无杂草,行间春、夏、秋杂草低于20厘米。2年生树高度达到2米以上,中心干上侧生分枝达到7~10个,或已有第二层主枝。全树1年生枝达到30个以上,有极少量花芽。3年生树高度达到3米以上,中心干上侧生分枝达到10~20个,80%以上的树体已基本成型。全树1年生枝达到50个以上,80%以上的树体有少量花芽。

(三)初果期猕猴桃园管理劳动定额及考核指标

管理劳动定额:机械化、自动化程度高的猕猴桃园,日常管理每13 340平方米设置1人管理,仅在冬季修剪时增设3人,喷药时增加3人。机械化、自动化程度低的每6 667平方米设置1人管理,果园喷药时增加3人,冬季修剪时增设1人。管理水平低的猕猴桃园,春季拉枝时需增设2人,冬季修剪时增设2人。

考核指标:施肥、浇水、病虫害防治和夏季修剪及时。各主枝开角70°以上,80%以上的新梢生长得到有效控制、年生长量20~30厘米,徒长、局部旺长、死树和小老树等生长不正常的树体不超过5%。允许有少量病虫害,但不能造成危害。大量落叶期在霜降前后。树冠下长年无杂草,行间春、夏、秋季杂草低于20厘米。树体高度达到3.5米左右,中心干上侧生分枝达到15~25个。95%以上的树体整形工作已经结束,全树结果枝组分布均匀。4年生树,年每667平方米产果量100千克以上;5年生树,年每667平方米产果量300千克以上;6年生树,年每667平方米产果量约500千克。优质果品率达到60%以上。

(四)盛果期以后猕猴桃园管理劳动定额及考核指标

管理劳动定额:机械化、自动化程度高的猕猴桃园,日常管理每13 340平方米设置1人管理,仅在冬季修剪时增设1人,喷药时增加3人。机械化、自动化程度低的猕猴桃园,每667平方米设置1人管理,果园喷药时增加3人。管理水平低的猕猴桃园,冬季修剪时增设2人。

考核指标:猕猴桃园无干旱、渍水发生,施肥充足、病虫害防治及时。80%以上的新梢生长量保持在20～30厘米,树体生长中庸健壮,花芽量多、饱满,无秋季开花现象。徒长、局部旺长、衰弱、死树和小老树等生长不正常的树体不超过5%。允许有少量病虫害,但不能造成危害。大量落叶期在霜降前后。树冠下长年无杂草,行间春、夏、秋季杂草低于20厘米。全树结果枝组分布均衡,6年生树年每667平方米产果量650千克以上,7年生以上树,每667平方米年产果量700～1 500千克,优质果品率达到70%以上。

三、果实采收与处理劳动定额及考核指标

(一)果实采收劳动定额及考核指标

果实采收劳动定额:同一个品种果实成熟期整齐一致,树体较低,采果量多,甜猕猴桃每人每天可采摘30～70千克果实;结果量少、树体高大或刚进入果实成熟期的猕猴桃园,每人每天采摘甜猕猴桃约30千克;盛果期、大量成熟期猕猴桃园每人每天采摘甜猕猴桃50千克以上;中国猕猴桃果实小,皮薄,采果速度慢,每人每天可采摘10～20千克果实。

考核指标:采摘的果实损伤果低于3%,着色、成熟度比较一

致，果实无果柄率低于5%，病果率低于2%。

（二）果实分选、分级与包装劳动定额及考核指标

果实分选、分级劳动定额：果实分选每人每天可处理果实200～250千克；目测法果实分级，每人每天可处理果实180～200千克；选果板分级每人每天可处理果实100～120千克；目测法果实分级常和果实初选同时进行，一般每人每天可处理果实150～180千克。如果只进行合格和不合格两级粗分级，则分级速度较快，每人每天可处理果实200～220千克。

考核指标：分选过的果实无杂质、叶片、烂果等，裂果、畸形果、无梗果、污斑果等劣质果总量低于10%。各级果中不符合条件的等外果率低于5%。

果实包装劳动定额：1千克以下的小包装每人每天可包装240盒以上；1.5～3千克的包装每人每天可包装180盒以上；3千克以上的包装每人每天可包装150盒以上。

考核指标：每盒盛装的果实重量准确，误差率在±10克范围内。包装盒内衬垫物及保鲜剂放置齐全、整齐，果实放置表面平整、整齐，果实无机械损伤。透明盒包装猕猴桃果柄向内装放。包装盒封口严密，光滑、整齐、一致、美观。

附　录

(一)猕猴桃周年管理工作历

(1)立春、雨水　一是复剪,绑蔓。后期去除防寒措施。注意防止倒春寒。二是视旱情灌水。三是育苗地整地,苗圃嫁接。四是新建园补栽。野生资源改造利用,高接换头。五是萌芽前15天左右,全园包括防护林,喷1遍3～5波美度石硫合剂。

(2)惊蛰、春分　一是复剪,绑蔓,抹芽,摘心,扭梢,打顶。二是萌芽后施肥,灌水。清耕方式锄草,生草方式栽种草皮,覆盖方式进行草秸覆盖,间作方式种植春季间作物。三是育苗地播种;或温室育苗移栽,灌水,遮荫。四是萌芽后喷1遍0.3～0.5波美度石硫合剂。

(3)清明、谷雨　一是绑蔓,抹芽,摘心,扭梢,打顶,花期授粉,间作物管理。二是花前施肥,灌水。三是喷布防虫防病生物药剂,人工捕捉金龟子。衰老树刮除腐烂病斑,局部涂药。四是苗圃地锄草,灌水,施肥。移栽苗嫁接。

(4)立夏、小满　一是夏季修剪:拉枝,绑蔓,抹芽,摘心,扭梢,打顶,短截;旺长树局部环剥、环割、倒贴皮、造缢痕;花后雄株修剪,疏果,果实套袋。间作物管理。二是苗圃地锄草,灌水,施肥,移栽,遮荫,搭架,拉铁丝,绑蔓。移栽苗嫁接,或嫁接后解绑,抹芽。三是视病虫害发生情况进行防治。注意防治蛾类幼虫和成虫。设立灯光诱杀,化学诱杀点。人工捕捉金龟子。四是果实膨大期施肥灌水。根据缺素症状进行根际追肥或叶面喷肥。五是注意排水防涝渍。

(5)芒种、夏至　一是夏季修剪:拉枝,绑蔓,抹芽,摘心,扭梢,打顶，短截；果实遮荫防日灼。二是苗圃地锄草，灌水，施肥，移栽，遮荫，搭架，拉铁丝，绑蔓。嫁接苗解绑，抹芽。三是视病虫害发生情况进行防治。注意防治蛾类幼虫和成虫。设立灯光诱杀，化学诱杀点。四是果园施肥灌水，根据缺素症状进行根际追肥或叶面喷肥。五是注意排水防涝渍，预防干热风、暴风雨和冰雹。

(6)小暑、大暑　一是夏季修剪：拉枝，绑蔓，抹芽，摘心，扭梢，打顶，短截。继续果实遮荫。二是苗圃地锄草，灌水，施肥，搭架，拉铁丝，绑蔓，摘心。嫁接苗抹芽。三是视病虫害发生情况进行防治。注意防治叶螨类。四是果园施肥灌水，根据缺素症状进行根际追肥或叶面喷肥。五是注意排水防涝渍。预防干热风、暴风雨和冰雹。

(7)立秋、处暑　一是夏季修剪：拉枝，绑蔓，抹芽，摘心，扭梢，打顶。前期继续果实遮荫。后期早熟果实采收。二是苗圃地锄草，灌水，施肥，嫁接。更新园或野生资源高接换头。三是果园施肥灌水，根据缺素症状进行根际追肥或叶面喷肥。注意排水防涝渍。四是视病虫害发生情况进行防治。

(8)白露、秋分　一是中熟果实采收。采果后的果园施基肥灌水。二是苗圃地锄草，灌水，施肥。三是地膜覆盖方式覆膜。东南沿海地区注意排水防涝渍。四是视病虫害发生情况进行防治。

(9)寒露、霜降　一是晚熟果实采收。注意防止气温骤降对树体或果实造成的危害。二是施基肥，灌水。三是地膜覆盖方式覆膜。四是新建园整地挖沟，填草，填肥和土，灌塌地水。

(10)立冬、小雪　一是起苗。二是新建园定植。幼园补栽。三是果园视旱情灌水。树干涂白，北方绑草或埋土防寒。

(11)大雪、冬至　一是起苗。育苗工作开始种子沙藏。二是新建园定植。幼园补栽。三是果园灌越冬水。冬季修剪清园。清园后全园普喷1遍3～5波美度石硫合剂。

(12)小寒、大寒　一是起苗。二是新建园定植。幼园补栽。

三是果园视旱情灌水。冬季修剪清园。

(二)杀虫剂

1. 新型杀虫剂 以下17种近几年在其他果树树种上推广使用的杀虫剂,其均没有在猕猴桃上做过试验报道,但可以参考试验使用。

(1) 虫螨光(阿维菌素、齐螨素) 一种新型农用抗生素类生物源杀虫、杀螨剂,具有广谱、高效、低残留、无污染和使用安全等特点。渗透性强,见效快,持效期达20天以上,虫螨兼杀。对梨木虱、红白蜘蛛可用3 000～4 000倍液,对金纹细蛾、小卷叶蛾和食心虫可用2 000～3 000倍液。

(2)灭幼脲 苯甲酰脲类(特异性昆虫生长调节剂)杀虫剂,高效、低毒、无公害。25%胶悬剂2 000～3 000倍液喷雾,可防治食叶毛虫;1 000～2 000倍液于成虫产卵前喷雾(叶背喷到),可防治金纹细蛾;800倍液喷雾,可防治食心虫。

(3) 力富农(百虫丹) 是沙蚕毒素类杀虫剂,通用名称是吡虫啉·杀蝉,是杀虫单与吡虫啉的复配制剂,高效、低毒、无公害。具有强烈的触杀、胃毒、内吸性和一定的熏蒸作用,持效期长。与我国生产的其他杀虫剂作用机制不同,因而药效独特。50%可湿性粉剂2 000～2 500倍液,主治苹果金纹细蛾、银纹细蛾、黄蚜、小卷叶蛾等,同时兼治介壳虫,有效控制期20天以上。

(4)绿色功夫 第三代拟除虫菊酯类杀虫剂,由于含有氟元素,与过去的菊酯类农药相比,具有虫螨兼杀、不易产生抗性、高效等特点。使用2 000～3 000倍液,对果面安全。

(5)吡虫啉 超高效烟酰亚胺类杀虫剂,内吸持效,兼备速效的触杀和胃毒作用,主要用于防治刺吸式口器害虫,如蚜虫、梨木虱、叶蝉等,对同翅目、鳞翅目、鞘翅目、双翅目害虫均有效,但对螨类无效。与其他杀虫剂无交互抗性,持效期长,对人畜、天敌毒性低，对环境安全。10%可湿性粉剂稀释3 000～4 000倍使用。

(6)蔬果净(绿保威)　植物源杀菌剂，用0.5%乳油1 000～2 000倍液喷雾，可防治食叶毛虫。

(7)艾美乐　吡虫啉的商品药之一，德国拜耳公司生产，剂型先进，是一种广谱、高效、内吸、低毒杀虫剂，主治蚜虫、飞虱、叶蝉、木虱、椿象、蓟马、粉虱、介壳虫等。70%水分散粒剂稀释20 000～30 000倍使用。由于艾美乐是一种化学结构全新的化合物，它与传统的杀虫剂包括常用的有机磷杀虫剂和拟除虫菊酯类杀虫剂的作用机制完全不同。所以，抗性害虫对其不易产生交互抗性，有利于防治对常规农药已产生抗性的害虫。

(8)噻嗪酮　苯甲酰脲类(特异性昆虫生长调节剂)杀虫剂，高效、安全、无公害。用25%可湿性粉剂1 500～2 000倍液喷雾，15天后再喷1次，可防治介壳虫、叶蝉、飞虱等。

(9)阿克泰　硫化烟碱类化合物，属于二代吡虫啉。天然内吸，用量少，杀虫谱广，持效期长，对环境安全。25%水分散粒剂10 000倍液喷施。

(10)啶虫脒　日本曹达公司开发的新型吡啶类杀虫剂，比吡虫啉杀虫谱更广，并能杀卵，速效性好，持效期长。对抗性蚜虫、梨木虱有较好的防效，对难杀的介壳类、椿象和金龟子同样效果好。用2 000～3 000倍液喷雾。

(11)卡死克　苯甲酰脲类(特异性昆虫生长调节剂)杀虫、杀螨剂，对害虫主要是胃毒作用，触杀作用很小，兼有杀卵作用，高效、安全、无公害。对人畜毒性很低，对天敌和鱼虾等水生动物杀伤作用小，对蜜蜂安全。用1 000～1 500倍液施药后2～3小时害虫螨停止取食，3～5天达到死亡高峰，其滞留性杀虫作用，可使药效长达2个月，对螨类有较好的防治效果，并能防治鳞翅目、鞘翅目和同翅目的许多农业害虫。夏季用500～1 000倍液喷雾可防治卷叶蛾类和食心虫类。

(12)丁硫克百威　氨基甲酸酯类杀虫剂,又称脱毒呋喃丹,是呋喃丹的低毒化衍生物,对人畜毒性只有呋喃丹的1/18,使用时对人比较安全,但对害虫的毒性却依然很高。对螨类无效。具触杀和胃毒作用,用3 000～4 000倍液喷施,杀虫谱广,持效期长,对果品安全。

(13)杀扑磷　高效、高毒有机磷杀虫剂,对介壳虫有特效。萌芽前喷施1 000～1 500倍液,可保全年无蚧,其他害虫也大大减少。全套袋果园可在套袋后1 500倍液喷施1次,有效杀灭暴发性害虫、害螨。

(14)果蔬利　阿维菌素和毒死蜱的复配药,广谱、胃毒、触杀、兼有较强的熏蒸作用和良好的渗透性,对钻蛀性害虫、介壳虫、梨木虱等抗性顽固性害虫、害螨均有很好的防治效果。2 000～3 000倍液喷雾。

(15)苦参氰　由苦参总碱与氰戊菊酯复配而成,是一种低毒的植物源杀虫、杀螨剂。害虫一旦触及,即麻痹中枢神经,具有胃毒和触杀作用,对鳞翅目害虫、蚜虫、梨木虱、红蜘蛛有效,兼杀盲椿象、金龟子、介壳虫等。由于是与氰戊菊酯复配,药效更快、更高。稀释1 000～1 500倍液喷施。

(16)唑螨酯　杀螨成分为唑螨酯,为高效广谱苯氧吡唑类杀螨剂,具有触杀作用,无内吸作用。对幼螨治性最高,其次是若螨、成螨及卵。对叶螨(二斑叶螨、棉红蜘蛛)、瘿螨等各种害螨有效,且持效期长,一次使用即可奏效。兼治小菜蛾、斜纹夜蛾、桃蚜等。日本农药株式会社生产,5%悬浮剂2 000～3 000倍液喷雾,持效期40天左右,1年施1～2次即可。

(17)蛾螨灵　是灭幼脲和15%哒螨灵的复配剂。除灭幼脲的防治对象外,还可以防治红蜘蛛。

2. 传统的杀虫剂

(1)青虫菌6号(苏云金杆菌)　悬浮剂,主要针对蛾类幼虫,以菌治虫,生物防治虫害,对人畜危害小,500～1 000 倍液喷雾。

(2)苏云金杆菌　100 亿个芽孢/克,主治鳞翅目蛾类幼虫,具胃毒作用,破坏虫体肠道,引起败血症,100～150 克/667 米^2,浓度500～1 000 倍液喷雾。

(3)除虫脲　25%胶悬剂,主治食心虫、鳞翅目蛾类幼虫,具触杀、胃毒作用,对人畜、天敌安全,迟效长效,10 克/667 米^2,加水常规喷雾。

(4)白僵菌　粉剂,50 亿个孢子/克,主治食心虫、刺蛾、卷叶蛾等,迟效,空气湿度大时效果好,迟效长效,10 克/667 平方米,加水常规喷雾。日本列为禁药。

(5)农梦特　5%乳剂 1 000～2 000 倍液,防治食心虫、潜叶蛾等,使害虫不能正常蜕皮和变态。

(6)三氯氟氰菊酯　2.5%乳油 3 000 倍液喷雾主治食心虫、蚜虫等多种害虫,抑螨、广谱、高效、速效。

(7)甲氰菊酯　20%乳油 3 000 倍液喷雾,主治食心虫、蚜虫等多种害虫和螨类,触杀,广谱、高效、速效。

(8)敌杀死　2.5%乳油 3 000 倍液喷雾,主治食心虫、蚜虫等多种害虫。

(9)氰戊菊酯　20%乳油,同上。

(10)顺式氰戊菊酯　同上。

(11)氯氰菊酯　10%乳油 4 000～6 000 倍液喷雾,主治食心虫、蚜虫等多种害虫,广谱高效,具触杀、胃毒作用。

(12)顺式氯氰菊酯　5%乳油,同上,活性更强。

(13)氟氯氰菊酯　10%乳油 2 000～3 000 倍液喷雾,主治食心虫、蚜虫、螨类、蛾类幼虫,广谱高效,具触杀、胃毒作用。

(14)顺式氟氯氰菊酯　2.5%乳油 3 000 倍液喷雾,同上,活性更强。

(15)茼蒿素　0.65%水剂 500 倍液喷雾,主治蚜虫、叶螨类、蛾类幼虫，具触杀、胃毒作用，对人畜低毒。

(16)苦楝油　37%乳油 70～80 倍液喷雾，主治叶螨、介壳虫，具驱避、触杀、胃毒作用，对人畜安全。

(17)螨死净　50%、20%悬浮剂 3 000～5 000 倍液喷雾，主治螨类，对卵、若螨有效，长效，对植物和天敌安全。

(18)炔螨特　73%乳油 2 000～4 000 倍液喷雾，主治螨类，高效低毒，对螨卵效果差，具触杀、胃毒作用。

(19)速螨酮　15%乳油、20%可湿性粉剂 1 000～2 000 倍液喷雾，主治螨类，速效长效，高温期药效不减。

(20)三唑锡　25%可湿性粉剂 1 000～1 200 倍液喷雾，主治螨类，长效，对天敌安全。

(21)噻螨酮　5%乳油或可湿性粉剂 1 500 倍液喷雾，主治螨类，持效期 5 周以上。